ALLIANCE DES MAISONS D'ÉDUCATION CHRÉTIENNE

TRAITÉ D'ARITHMÉTIQUE RAISONNÉE,

PAR L'ABBÉ DESAUNEY, LICENCIÉ ÈS-SCIENCES,
Supérieur du Petit-Séminaire de la Ferté-Macé
(diocèse de Séez).

BOURGES
E. PIGELET, ÉDITEUR, RUE JOYEUSE, 15.

1874.

TRAITÉ

D'ARITHMÉTIQUE RAISONNÉE.

ALLIANCE DES MAISONS D'ÉDUCATION CHRÉTIENNE

TRAITÉ D'ARITHMÉTIQUE RAISONNÉE,

PAR L'ABBÉ DESAUNEY, LICENCIÉ ÈS-SCIENCES,
Supérieur du Petit-Séminaire de la Ferté-Macé
(diocèse de Séez).

BOURGES
E. PIGELET, ÉDITEUR, RUE JOYEUSE, 15.

1874.

PRÉFACE.

Dans un très-grand nombre de Maisons d'éducation, les élèves ne commencent à étudier l'arithmétique d'une manière raisonnée, qu'après avoir été initiés à la pratique du calcul, dans les classes primaires. C'est à ces Maisons que ce travail est destiné. En m'efforçant de réunir la clarté à la concision, l'ordre progressif des matières à l'exactitude des définitions et à la rigueur des raisonnements, j'ai voulu donner aux élèves les moyens de *comprendre*, d'*apprendre*, et surtout de *retenir*.

Ce *Traité* se divise en trois parties :

La première, qui contient la numération, les quatre opérations sur les nombres entiers, la théorie des fractions décimales, le système métrique et les questions ordinairement traitées par la *méthode de l'unité*, suffit pour faire, avec intelligence, tous les calculs usuels, dans les pays où le système métrique est adopté. J'appelle l'attention des professeurs sur un procédé peu connu, destiné à soustraire, en une seule opération, plusieurs nombres donnés ; sur une démonstration très-facile de la division, dans les cas les plus compliqués ; et surtout sur une exposition du système métrique, qui a paru *éminemment simple* à ceux qui l'ont examinée.

La deuxième partie a pour objet les fractions en général, les proportions et les nombres complexes.

La troisième explique la divisibilité des nombres, la théorie des nombres premiers, l'extraction des racines carrées et des racines cubiques, et les procédés employés dans les approximations numériques. Je crois qu'un élève, d'une intelligence ordinaire, préparé par l'étude des deux parties précédentes, et aidé par un petit nombre de signes algébriques, dont la signification est exposée en quelques pages, parviendra à comprendre, sans trop de peine, les matières assez difficiles, qui sont traitées dans cette troisième partie.

On trouvera ainsi, dans un assez petit volume, trois degrés successifs d'enseignement, de manière qu'on puisse s'arrêter à celui qu'on voudra ; et, qu'après les avoir tous parcourus, on arrive à posséder une connaissance exacte et *raisonnée* de l'arithmétique.

J'ai pris, pour ligne de démarcation entre l'arithmétique et l'algèbre, la théorie des quantités négatives, dont je n'ai point fait usage dans ce *Traité*. C'est pour ce motif que je n'y ai point parlé des progressions et des logarithmes, qui me semblent être plus à leur place dans un cours d'algèbre.

Désirant être aussi concis que possible, j'ai réservé, pour un recueil spécial, les problèmes pratiques destinés à compléter cet ouvrage. En attendant, on pourra se servir des *Exercices* et des *Problèmes* publiés par les Frères des Écoles Chrétiennes (1) ou par les Petits-Frères de Marie (2).

(1) Chez MM. Poussielgue Frères, rue Cassette, 27.
(2) Chez M. Lecoffre, rue Bonaparte, 90.

TABLE DES MATIÈRES.

PREMIÈRE PARTIE.

DEUXIÈME PARTIE.

TROISIÈME PARTIE.

TRAITÉ
D'ARITHMÉTIQUE

PREMIÈRE PARTIE

NOTIONS PRÉLIMINAIRES.

1. Le mot *Arithmétique* vient du mot grec ἀριθμός (nombre).

2. L'Arithmétique est *une partie des Mathématiques qui enseigne à exprimer et à calculer les nombres.*

3. Calculer, c'est *combiner les nombres entre eux dans le but d'obtenir un résultat :* ainsi, par exemple, combiner plusieurs nombres de manière à en obtenir la somme, c'est *calculer.*

4. Un Nombre est *ce qui exprime combien une quantité renferme d'unités ou de parties d'unité.*

5. On appelle **Quantité** *toute chose qui peut se mesurer :* par exemple, la longueur d'une ligne, la surface d'un champ, le poids d'un corps. *Mesurer* une quantité, c'est la comparer à l'unité choisie pour mesure : ainsi on mesure une ligne, en la comparant au *Mètre;* un poids, en le comparant au *Kilogramme.* Le résultat de cette comparaison est de faire connaître le *nombre* de fois que la quantité mesurée renferme l'unité ou la partie d'unité adoptée pour terme de comparaison.

6. On appelle **Unité** *toute chose employée comme mesure*, c'est-à-dire comme un terme de comparaison auquel on rapporte les quantités que l'on veut mesurer.

7. Il y a des unités *naturelles*, qui sont indiquées par la nature même des choses : ainsi, pour déterminer la grandeur d'une armée, on dira combien elle renferme d'*hommes;* pour apprécier l'importance d'un troupeau de bœufs, on comptera combien il renferme de *bœufs*.

8. Il y a des unités *conventionnelles*, qu'on choisit arbitrairement. Ainsi, les Français, depuis le 1er juillet 1794, emploient le *Mètre* comme unité de longueur; auparavant ils employaient la *Toise*. Malgré la liberté avec laquelle on choisit les unités conventionnelles, le bon sens exige que l'unité choisie soit de même espèce que la quantité à mesurer : il faut une longueur pour unité de longueur, un poids pour unité de poids. Voilà pourquoi l'unité conventionnelle peut se définir : *Une quantité choisie arbitrairement pour mesurer des quantités de même espèce.*

9. On distingue différentes sortes de nombres, savoir : 1° des nombres *concrets* et des nombres *abstraits*; 2° des nombres *entiers* et des nombres *fractionnaires*.

Un nombre est *concret*, quand la nature des unités est indiquée; ex. : *sept mètres, six chevaux.*

Un nombre est *abstrait*, quand la nature des unités n'est pas indiquée; ex. : *sept*, *huit*, *douze*.

Un nombre est *entier*, quand il ne renferme que des unités entières; ex. : *quinze*.

Un nombre est *fractionnaire*, quand il renferme des parties d'unité; ex. : *trois quarts*, *cinq deux tiers*. Quand le nombre fractionnaire renferme seulement des parties d'unités, on l'appelle *Fraction*; ex. : *trois quarts*.

10. En Arithmétique, comme dans les autres parties des *Mathématiques*, il y a des *Définitions*, des

Procédés, des *Démonstrations*, des *Théorèmes*, des *Corollaires* et des *Problèmes*. — Dans les **Définitions**, on explique la nature d'une chose ou le sens d'un mot. — Un **Procédé** indique les moyens qu'il faut employer pour arriver à un but, pour faire une opération. — Une **Démonstration** prouve qu'un *Procédé* est bon, qu'un *Théorème* est vrai. — Un **Théorème** énonce une proposition générale qu'on peut démontrer. — Un **Corollaire** est une proposition, qui découle, presque sans raisonnement, d'une autre proposition précédemment énoncée. — Un **Problème** est une question où l'on demande de trouver un ou plusieurs nombres inconnus, à l'aide d'autres nombres connus.

CHAPITRE I.

Numération.

11. La **Numération** est *l'art d'exprimer les nombres*. Nous exposerons d'abord la numération des nombres entiers, ensuite la numération des Fractions.

ARTICLE I.

NUMÉRATION DES NOMBRES ENTIERS.

Nous traiterons d'abord de la *numération parlée*, et ensuite de la *numération écrite* des nombres entiers.

§ I.

NUMÉRATION PARLÉE DES NOMBRES ENTIERS.

12. La **Numération parlée** est, dans chaque langue, *l'ensemble des mots destinés à exprimer les nombres et la manière d'employer ces mots*.

13. Dès l'enfance, nous apprenons à compter jusqu'à *cent*. En commençant toujours par le mot *cent*, on compte jusqu'à *deux cents : cent un*, *cent deux*, *cent trois*, etc. En commençant par *deux cents*, on compte depuis deux cents jusqu'à trois cents : *deux cent un*, *deux cent deux*, *deux cent trois*, etc. On compte ainsi jusqu'à neuf cent quatre-vingt-dix-neuf, en employant seulement les mots suivants :

POUR LES UNITÉS,

Un, *deux*, *trois*, *quatre*, *cinq*, *six*, *sept*, *huit*, *neuf*;

POUR LES DIZAINES,

Dix, *vingt*, *trente*, *quarante*, *cinquante*, *soixante*, *soixante-dix*, *quatre-vingts*, *quatre-vingt-dix*[1];

POUR LES CENTAINES,

Cent, *deux cents*, *trois cents*, *quatre cents*, etc.

Il faut ajouter les six mots :

Onze, *douze*, *treize*, *quatorze*, *quinze*, *seize*,
usités au lieu de :
dix-un, *dix-deux*, *dix-trois*, *dix-quatre*, *dix-cinq*, *dix-six*. En tout, vingt-deux mots distincts suffisent pour compter jusqu'à neuf cent quatre-vingt-dix-neuf.

Avec le mot **mille** en plus, on compte jusqu'à neuf cent quatre-vingt-dix-neuf mille, neuf cent quatre-vingt-dix-neuf ; car on compte par mille comme par unités.

Le mot **million** signifie mille fois mille ; le mot **billion** ou **milliard,** mille fois un million ; le mot **trillion,** mille fois un billion ; le mot **quatrillion,** mille fois un trillion, etc.

14. Les *mille* sont regardés comme formant une deuxième classe d'unités mille fois aussi grandes que les unités proprement dites ; les *millions*, comme

(1) Au lieu de *soixante-dix*, de *quatre-vingts* et de *quatre-vingt-dix*, on dit, dans quelques départements : *septante*, *octante*, *nonante*.

formant une troisième classe d'unités mille fois aussi grandes que les mille; les *billions*, les *trillions*, les *quatrillions*, etc., comme formant la quatrième, la cinquième, la sixième classe, etc.

15. On compte par millions, par billions, par trillions, etc., comme on compte par mille et par unités. Le nombre des unités de chaque classe étant de neuf cent quatre-vingt-dix-neuf au plus, il suffit de savoir compter jusqu'à mille, pour compter jusqu'à un nombre quelconque.

Il faut avoir soin d'énoncer le nom de chaque classe, excepté celui de la classe des unités simples, qu'on sous-entend ordinairement.

16. Ainsi, aux vingt-deux mots nécessaires pour compter jusqu'à neuf cent quatre-vingt-dix-neuf, ajoutons, pour désigner les classes, les mots :

unités,	*mille,*	*millions,*	*billions,*	*trillions,*	*quatrillions,*	*etc., etc.*;
1re classe	2e classe	3e classe	4e classe	5e classe	6e classe	

on pourra, à l'aide de trente mots différents, compter jusqu'aux nombre les plus élevés qui puissent se rencontrer.

17. En France, comme chez toutes les autres nations civilisées, la Numération parlée est *décimale*, c'est-à-dire basée sur le nombre *dix*.

§ II.

NUMÉRATION ÉCRITE DES NOMBRES ENTIERS.

18. La **Numération écrite** est *l'art d'écrire les nombres en chiffres*.

19. On pourrait écrire les nombres en traçant toutes les lettres des mots employés dans la *numération parlée*; mais on les écrit, d'une manière plus courte et plus commode pour les calculs, en employant certains signes appelés **chiffres.** Ces signes, usités en Europe depuis environ sept siècles, ont reçu le nom de *chiffres arabes*, parce que, dit-on, ils ont été introduits en Europe par les Sarrasins ou Arabes.

Dix chiffres et une convention suffisent pour écrire tous les nombres.

Voici les dix chiffres avec leur signification :

0	1	2	3	4	5	6	7	8	9
zéro	un	deux	trois	quatre	cinq	six	sept	huit	neuf

Quand on veut les distinguer du zéro, qui indique l'absence de tout nombre, c'est-à-dire qui ne signifie rien, les autres chiffres sont appelés chiffres *significatifs*.

20. Voici maintenant la convention :

Tout chiffre placé à gauche d'un autre chiffre exprime des unités décuples de celles qu'exprime cet autre chiffre.

Ainsi, dans 32, le chiffre 3, placé à gauche du 2, exprime des dizaines, unités décuples des unités simples, qu'exprime le chiffre 2.

Dans le nombre 325, le chiffre 2 exprime des dizaines, décuples des unités exprimées par le 5; et le 3 exprime des centaines, décuples des dizaines exprimées par le 2.

21. Un chiffre a donc une double valeur : l'une, appelée *absolue*, qui dépend de la forme du chiffre; l'autre appelée *relative*, qui dépend de la place que le chiffre occupe.

La valeur *absolue* de 3, par exemple, consiste en ce que 3 signifie toujours et partout la réunion de trois choses de même nature : 3 unités, 3 dizaines, 3 centaines, etc.

La valeur *relative* de 3 consiste en ce que 3 signifie 3 unités, s'il n'y a pas de chiffre écrit à sa droite; 3 dizaines, s'il y a un chiffre à droite; 3 centaines, s'il y en a deux; 3 mille, s'il y en a trois, etc.

22. La valeur relative des chiffres donne lieu à distinguer des ordres d'unités dont chacun est décuple de celui qui le précède. Voici le tableau de ces ordres d'unités :

1er ordre........	unités	} d'unités.
2e —	dizaines	
3e —	centaines	
4e —	unités	} de mille.
5e —	dizaines	
6e —	centaines	
7e —	unités	} de millions.
8e —	dizaines	
9e —	centaines	
10e —	unités	} de billions.
11e —	dizaines	
12e —	centaines	

On peut reconnaître immédiatement la valeur relative d'un chiffre dans un nombre quelconque. Ainsi, dans le nombre 2 045 317, le chiffre 4 étant à la 5e place à commencer par la droite, je vois, à l'aide du tableau ci-dessus, que ce chiffre représente, en valeur relative, des dizaines de mille.

23. Il suit de là qu'en écrivant un zéro à la suite d'un nombre, on rend ce nombre dix fois plus grand : car tous les chiffres passent d'un ordre à un autre ordre dix fois plus grand. Pour la même raison, deux zéros mis à la suite d'un nombre le rendent cent fois plus grand ; trois zéros le rendent mille fois plus grand, etc. — En supprimant des zéros écrits à la suite d'un nombre, on produirait évidemment un effet tout contraire.

24. Ce tableau montre encore que les ordres d'unités se disposent naturellement en groupes, de trois ordres chacun, qu'on appelle *classes*. On a déjà parlé de ces classes dans le § précédent.

Nous pouvons maintenant résoudre les deux problèmes suivants :

PREMIER PROBLÈME.

Lire un nombre écrit en chiffres.

25. Règle.—1° *Grouper les chiffres par classes de trois chiffres chacune, en commençant par la droite.* 2° *Don-*

ner à chaque classe le nom qui lui convient. 3° Lire, en commençant par la gauche, chaque classe, comme si elle était seule. 4° Enoncer le nom de la classe à la suite du nombre qu'elle renferme. 5° Omettre complètement, dans la lecture, les classes qui ne renferment que des zéros.

Soit le nombre 2 040 000 687 902.

Je le partage en classes :

trillions,	billions,	millions,	mille,	unités;
2	040	000	687	902

et je lis : deux trillions, quarante billions, six cent quatre-vingt-sept mille, neuf cent deux unités.

DEUXIÈME PROBLÈME.

Ecrire en chiffres un nombre énoncé en mots.

26. Règle. — 1° *Ecrire chaque classe à mesure qu'on l'énonce. 2° Remplacer par trois zéros chaque classe qui manque. 3° Remplacer par un zéro chaque ordre manquant dans une classe, excepté ceux qui pourraient manquer au commencement de la classe la plus élevée.*

Soit à écrire le nombre : ***deux trillions, quarante billions, six cent quatre-vingt-sept mille, neuf cent deux;*** j'écris d'abord 2 pour la classe des trillions, 040 pour celle des billions, 000 pour celle des millions qui manque complètement, 687 pour celle des mille et 902 pour celle des unités.

J'ai ainsi 2 040 000 687 902.

ARTICLE II.

NUMÉRATION DES FRACTIONS.

27. On emploie, pour exprimer les **Fractions**, deux nombres qu'on place l'un au-dessous de l'autre, en les séparant par une barre horizontale : ex. $\frac{7}{8}$ (on lit : sept huitièmes). Le nombre supérieur s'appelle ***Numérateur***, et le nombre inférieur, ***Dénominateur***. — Le ***Numérateur*** (du mot latin ***numerare***, compter), est ainsi appelé, parce qu'il sert à *compter* ou à exprimer combien la fraction renferme de parties de l'unité : ainsi, dans $\frac{7}{8}$, le Numérateur 7 indique que la fraction renferme 7 parties de l'unité. — Quant au *Dénominateur* (du mot latin *denominare*, dénommer, désigner par son nom), il fait connaître la nature des parties de l'unité, et indique le nom de ces parties. Ainsi, dans la fraction $\frac{7}{8}$, le Dénominateur 8 exprime que les 7 parties de l'unité contenues dans cette fraction sont des *huitièmes*, c'est-à-dire qu'il en faut *huit* pour former l'unité entière.

Le Numérateur et le Dénominateur sont appelés *Termes* de la fraction. On les appelle ainsi, parce qu'ils servent à exprimer la fraction, comme, dans le langage, les termes servent à exprimer les pensées.

Nous verrons plus loin ce qu'on entend par *fractions décimales*, et comment on écrit ces sortes de quantités.

CHAPITRE II.

Opérations principales sur les nombres entiers.

28. Il y a, en Arithmétique, quatre opérations principales : l'**Addition**, la **Soustraction**, la **Multiplication** et la **Division**.

Généralement les nombres peuvent être combinés de deux manières.

29. 1° On les unit ensemble comme les *parties* d'un *tout*. Ex. : 5, 4 et 7, unis ensemble, donnent un tout, qui est 16.

Cette première manière de combiner les nombres donne lieu à deux opérations. Dans l'une, on connaît les *parties* et l'on cherche le *tout* : c'est l'**Addition**. Dans l'autre, on connaît le *tout* et les *parties*, sauf une, et on cherche la partie inconnue : c'est la **Soustraction.**

30. 2° On les combine ensemble comme *facteurs d'un produit.* Le *produit* de deux *facteurs* est *composé avec l'un des facteurs, comme l'autre facteur est composé avec l'unité.* Ainsi, par exemple, les deux facteurs 5 et 4 donnent le produit 20, qui est composé avec un des facteurs 5, comme l'autre facteur 4 est composé avec l'unité : c'est-à-dire que 20 est composé en prenant 5 quatre fois, comme 4 est composé en prenant l'unité 4 fois. — Le produit de deux nombres entiers s'appelle souvent **multiple** de chacun de ces nombres. Ainsi 20 est un multiple de 5. Il est aussi multiple de 4.

Cette seconde manière de combiner les nombres donne lieu aussi à deux opérations. Dans l'une, on connaît les *deux facteurs*, et l'on cherche le *produit* : c'est la **Multiplication.** Dans l'autre, on connaît le *produit* avec *un des facteurs*, et l'on cherche *l'autre facteur :* c'est la **Division.**

31. On emploie des signes *abrégés* pour indiquer les opérations :

Pour l'Addition + qu'on lit *plus*; ex. : 6 + 3.

Pour la Soustraction — qu'on lit *moins;* ex. : 6 — 3.

Pour la Multiplication × qu'on lit *multiplié par ;* ex. : 6×3.

Pour la Division : qu'on lit *divisé par* ; ex. : 6 : 3.

Le signe = se lit *égale*, et désigne l'*égalité ;* ex. : 6 × 3 = 18.

ARTICLE I.

ADDITION.

32. Définition. — Comme on vient de le dire (29), l'**Addition** est *une opération par laquelle, étant données les parties d'un tout, on cherche le tout.* Le résultat de l'Addition s'appelle *tout, total* ou *somme.*

33. Procédé. — 1° *Écrire les nombres donnés de*

manière que les chiffres de même valeur relative soient en colonne, c'est-à-dire les uns sous les autres. 2° Tirer une barre horizontale sous le dernier nombre à additionner. 3° Ajouter les chiffres de chaque colonne, en commençant par la colonne de droite. 4° Lorsque la somme d'une colonne peut s'écrire en un seul chiffre, placer ce chiffre sous la colonne. 5° Si la somme d'une colonne est un nombre composé de plusieurs chiffres, écrire, sous la colonne, seulement le chiffre dont la valeur relative est la plus faible, et retenir l'autre chiffre pour l'ajouter à ceux de la colonne suivante.

Exemple : 3407 + 42869 + 521 + 3958 + 632. Voici comment on opère

```
 3 407
42 869
   521
 3 958
   632
------
51 387
```

Je dis : 2 et 8 font 10, et 1 font 11, et 9 font 20, et 7 font 27, je pose 7 et retiens 2 ; et 3 font 5, et 5 font 10, et 2 font 12, et 6 font 18, je pose 8 et retiens 1 ; et 6 font 7, et 9 font 16, et 5 font 21, et 8 font 29, et 4 font 33, je pose 3 et retiens 3 ; et 3 font 6, et 2 font 8, et 3 font 11, je pose 1 et retiens 1 ; et 4 font 5.

Il est important de s'habituer à calculer comme nous venons de le faire. C'est un défaut de s'exprimer ainsi : 2 et 8 font 10 ; 10 et 1 font 11 ; 11 et 9 font 20 ; 20 et 7 font 27. C'est beaucoup trop long. Il vaut mieux aussi commencer par le bas de chaque colonne, parce qu'on ajoute immédiatement le chiffre retenu au chiffre le plus voisin dans la colonne suivante, ce qui empêche de rien oublier.

34. Démonstration. — Démontrer un procédé, c'est prouver qu'il est bon, c'est-à-dire qu'il conduit au but qu'on se propose. Or il est bien clair qu'en opérant comme je viens de le faire, je suis arrivé à mon but, c'est-à-dire que j'ai formé un total dont tous les nombres donnés sont les parties. En effet le total 51 387 contient d'abord 27, somme des unités de tous les nombres donnés : car il contient 7 unités, écrites à leur place, plus 20 unités ou 2 dizaines, qui ont été jointes aux autres dizaines des nombres proposés ; 51 387 contient de même toutes les dizaines, toutes les centaines, etc., des nombres proposés. Donc le procédé indiqué est bon.

35. Remarque. — On pourrait, si on le voulait, ne pas commencer l'addition par la première colonne à droite. Mais il en résulterait qu'il faudrait souvent changer des chiffres déjà écrits au total, parce qu'une colonne à droite donnerait des dizaines, qui augmenteraient le nombre déjà écrit sous la colonne à gauche. Ainsi, par exemple, si, dans l'opération ci-dessus, j'additionnais la colonne des dizaines avant celle des unités, je trouverais 16 dizaines ; je poserais 6 sous la colonne des dizaines, mais je serais obligé de remplacer ce 6 par un 8, parce qu'en additionnant ensuite la colonne des unités, j'obtiendrais 27 unités, ce qui donnerait 2 dizaines à joindre aux 16 que renferme la colonne des dizaines.

36. Preuve. — Faire la preuve d'une opération, c'est faire une autre opération destinée à vérifier l'exactitude de la première. La preuve de l'Addition peut se faire au moyen d'une nouvelle addition, qui ne différera de la première qu'en ce que les chiffres de chaque colonne seront ajoutés dans un autre ordre, par exemple, en commençant par en haut au lieu de commencer par en bas.

ARTICLE II.

SOUSTRACTION.

37. Définition. — Comme on l'a vu (**26**), la **Soustraction** est *une opération par laquelle, étant donnés un tout et les parties qui le composent, excepté* ***une***, *on cherche la partie inconnue.*

Le résultat de la soustraction s'appelle *Reste*, parce que la partie cherchée est ce qui *reste*, lorsque du *total* on retranche la partie ou les parties données. Ce résultat s'appelle aussi *Excès* ou *Différence*, parce que le résultat de la soustraction est ce dont le total *excède*, c'est-à-dire surpasse, la partie connue ou la somme des parties connues ; et par conséquent ce en quoi le total en *diffère*.

Je propose d'appeler *Minuende* le total, c'est-à-dire le nombre dont on doit soustraire. J'appellerai *Minuteur* ce qu'on doit en soustraire.

38. Il y a deux cas à examiner : 1° le cas où le total est composé de deux parties seulement; 2° celui où le total renferme plus de deux parties.

1er CAS.

On donne un total de deux parties et l'une de ces parties.

39. Procédé. — Il y en a deux : l'un ordinaire, l'autre encore peu usité, mais préférable, je crois, au procédé ordinaire.

40. I. — Procédé ordinaire. — 1° *Ecrire le minuteur sous le minuende, en plaçant les chiffres en colonnes, c'est-à-dire les unités sous les unités, les dizaines sous les dizaines, etc.* ; *et tirer une barre sous le minuteur.* 2° *Si le chiffre du minuteur n'est pas plus fort que le chiffre correspondant du minuende, écrire la différence au-dessous de la colonne.* 3° *Si le chiffre du minuteur est plus fort que celui du minuende, augmenter de dix le nombre exprimé par le chiffre du minuende; écrire la différence sous la colonne; et, à la colonne suivante, ajouter 1 au chiffre du minuteur, etc.*

Exemple. Soit 203 462 — 82 871.

On opère comme il suit :

Minuende ou total................	203 462
Minuteur ou partie connue........	82 371
Différence ou partie cherchée......	121 091

On dit : 1 de 2 (sous-entendu *ôté*), reste 1 ; 7 de 16, reste 9, et retiens 1 ; et 3 font 4, de 4, reste 0 ; 2 de 3, reste 1 ; 8 de 10, reste 2, et retiens 1 ; de 2 reste 1.

41. **1re Démonstration.** — Je cherche un nombre qui, ajouté à 82 371, donne 203 462. Or il est clair que, dans le nombre cherché, le chiffre des unités est 1 ; car il n'y a que le chiffre 1 qui, ajouté à 1, puisse donner 2. Le chiffre des dizaines est 9 ; car le chiffre 9 est le seul qui, ajouté à 7, donne un nombre finissant par le chiffre 6, savoir le nombre 16. En ajoutant les 9 dizaines de la différence au chiffre 7 du minuteur, j'obtiens 16 dizaines du minuende, c'est-à-dire les 6 dizaines qu'il contient, plus 1 des 4 centaines écrites à gauche des 6 dizaines. J'ai donc, pour former ces 4 centaines du minuende, la centaine que je viens d'indiquer et que je retiens, plus les 3 centaines écrites au minuteur, ce qui fait 4 centaines en tout ; donc je dois écrire 0 aux centaines de la différence. Le raisonnement se continue ainsi jusqu'à la fin.

42. **2e Démonstration.** — Elle s'appuie sur ce principe évident que : *la différence de deux nombres ne change pas, quand ils sont augmentés ou diminués de la même quantité.* Je raisonne ainsi : 1 ôté de 2, reste 1 ; 7 de 6, cela ne se peut ; j'ajoute 10 dizaines au chiffre 6, qui représente des dizaines, ce qui fait 16 dizaines, desquelles je retranche les 7 dizaines du minuteur, et il me reste 9 dizaines, que j'écris à la différence. Puisque j'ai ajouté au minuende 10 dizaines qui font 1 centaine, il faut également, pour ne pas changer la différence entre les deux nombres, que j'ajoute 1 centaine au minuteur. Cette centaine, jointe aux 3 centaines que le minuteur renferme déjà, m'en donne 4 ; je les retranche des 4 centaines du minuende, et je mets 0 à la différence. On continue ensuite l'opération ; et, pour en rendre compte, on raisonne de la même manière sur tous les ordres d'unités.

43. II. — AUTRE PROCÉDÉ. — 1° *Ecrire la partie connue, laisser dessous une ligne en blanc, tirer une barre et placer le minuende sous la barre, de manière que les unités de même ordre soient en colonne. 2° Dans chaque colonne, écrire, à la ligne laissée en blanc, le chiffre qui doit être ajouté à celui de dessus pour obtenir celui de dessous, si ce dernier est le plus fort. 3° Si le chiffre de dessous est le plus faible, lire celui de dessus comme s'il était précédé de 1 et retenir ensuite une unité, pour l'ajouter immédiatement au chiffre suivant de la partie connue.*

Exemple : 203 462 — 82 371.

On opère ainsi :

82 371	partie connue.
121 091	partie cherchée.
203 462	Total.

On dit : 1 et 1 font 2 (en disant *et 1* on écrit 1 à la ligne du milieu qui était d'abord laissée en blanc); 7 et 9 (on écrit 9) font 16, je retiens 1 ; et 3 font 4, et 0 (on pose 0) font 4; 2 et 1 (on pose 1) font 3; 8 et 2 (on pose 2) font 10, je retiens 1 ; et 1 (on pose 1) font 2.

44. Démonstration. — La démonstration est, au fond, la même que la première démonstration donnée ci-dessus pour le procédé ordinaire.

Je cherche le nombre qui, ajouté à 82 371 donne 203 462. Or j'ai dû nécessairement trouver ce nombre en suivant le procédé que j'ai employé. En effet, à la colonne des unités, le chiffre 1 que j'ai posé, est le seul chiffre qui, joint au chiffre 1 de la partie connue, donne 2, chiffre des unités du total. Aux dizaines, j'ai posé le chiffre 9, le seul qui, ajouté au chiffre 7 de la partie connue, puisse fournir un total finissant par 6. Ce chiffre 9 donne en même temps les 6 dizaines du total et une des centaines de ce même total. Cette centaine, retenue pour être jointe aux 3 centaines de la partie connue, donne 4 centaines; de sorte que je n'ai qu'à poser un 0 aux centaines de la partie cherchée, et ainsi de suite.

IIe CAS.

On donne un total de plus de deux parties et toutes les parties, excepté une.

45. On opère à peu près comme dans le dernier procédé que nous venons d'indiquer; seulement on a soin, pour la plus grande facilité de l'opération, d'additionner en commençant par en haut.

Voici un exemple. Pour abréger, je désignerai par x la partie cherchée.

$$20\,741 + 1\,562 + 849 + 35\,763 + x = 81\,362$$

On demande de calculer x. Pour cela, on opère comme il suit :

20 741	parties données
1 562	
849	
35 763	
22 447	= x partie cherchée.
81 362	Total.

On dit : 1 et 2 font 3, et 9 font 12, et 3 font 15, et 7 (on écrit 7) font 22, je retiens 2; et 4 font 6, et 6 font 12, et 4 font 16, et 6 font 22, et 4 (on écrit 4) font 26, je retiens 2; et 7 font 9, et 5 font 14, et 8 font 22, et 7 font 29, et 4 (on écrit 4) font 33, je retiens 3; et 1 font 4, et 5 font 9, et 2 (on écrit 2) font 11, je retiens 1; et 2 font 3, et 3 font 6, et 2 (on écrit 2) font 8.

46. Démonstration. — Pour comprendre la raison de ce procédé, il suffit de remarquer que, la somme des chiffres d'unités connus étant 15, on doit écrire le chiffre 7 aux unités de la partie cherchée : car il n'y a que le chiffre 7 qui, ajouté à 15, puisse donner un nombre finissant par 2, savoir 22. Je sais donc que la somme des unités des parties est 22 :

ainsi, sur les dizaines du total, il y en a deux qui proviennent de la colonne des unités. Je retiens ces deux dizaines, dont je connais l'origine, j'y ajoute les dizaines des parties connues, et je trouve en tout 22 dizaines. Donc le chiffre des dizaines de x est 4, seul chiffre qui, ajouté à 22, donne un nombre finissant par 6. J'ai donc trouvé l'origine de 26 dizaines, c'est-à-dire des 6 dizaines écrites au total, plus 2 centaines. Je retiens ces deux centaines, j'y ajoute les centaines des parties données, etc.

47. Le procédé que je viens d'indiquer pour le second cas de la soustraction ne figure pas ordinairement dans les traités élémentaires. Il n'offre pourtant pas de difficultés sérieuses, et il pourrait être d'une application continuelle dans la comptabilité. Par exemple, si je dois à quelqu'un une certaine somme, et que je lui aie payé ce qu'on appelle des *à-compte*, à différentes époques; à l'aide de ce procédé, je trouve, en une seule opération, ce qui me reste à payer pour m'acquitter complètement. Par le procédé ordinaire, il faudrait deux opérations : ajouter d'abord les à-compte payés, puis retrancher la somme du montant de la dette.

48. Preuve de la soustraction. — Elle se fait en ajoutant la partie donnée, ou les parties données, à la partie trouvée. Si l'on a bien opéré, on doit retrouver ainsi le total.

ARTICLE III.

MULTIPLICATION.

49. Définition. — Comme on l'a vu (**30**), la **Multiplication** est *une opération par laquelle, étant donnés les deux facteurs d'un produit, on cherche ce produit.* Le produit de deux facteurs est un nombre composé avec le premier facteur comme le second facteur est composé avec l'unité. Le premier facteur s'appelle ***Multiplicande***, le second ***Multiplicateur***.

Pour comprendrec e qui va suivre, il est bon de connaître six *théorèmes*, que nous allons exposer.

50. 1er Théorème. — *Le produit de deux facteurs ne change pas dans quelque ordre qu'on les multiplie; c'est-à- dire qu'on obtiendra le même produit, soit qu'on multiplie le premier facteur par le second, ou le second par le premier.*

Soit, par exemple, $5 \times 7 = 35$: on a aussi : $7 \times 5 = 35$.

Pour établir ce principe, je dispose des points comme il suit :

. . . .
. . . .
. . . .
. . . .
. . . .

Je puis compter le nombre de ces points de deux manières. 1° Je compte les points d'une ligne horizontale : il y en a 7; je remarque qu'il y a cinq lignes horizontales, toutes pareilles : donc le nombre des points $= 7 \times 5$. —— 2° Je compte le nombre des points d'une ligne verticale : il y en a 5; je remarque qu'il y a 7 lignes verticales, toutes pareilles : donc le nombre des points $= 5 \times 7$. Donc $5 \times 7 = 7 \times 5$, puisque ces produits représentent tous deux le nombre total des points marqués ci-dessus. On pourrait évidemment raisonner de la même manière sur deux facteurs quelconques.

51. 2e Théorème. — *Si l'un des facteurs devient 2 fois, 3 fois, 4 fois, etc. plus grand, l'autre facteur ne changeant pas, le nouveau produit est, lui aussi, 2 fois, 3 fois, 4 fois, etc., plus grand que le premier.*

En effet supposons d'abord que, le multiplicateur ne changeant pas, le multiplicande devient 2 fois plus grand. Le nouveau produit sera composé avec un multiplicande deux fois plus grand, pris un même nombre de fois que dans le premier produit. Donc il contiendra le même nombre de parties que le premier produit; mais toutes seront deux fois plus grandes qu'elles n'étaient auparavant. Donc, pour ce motif, le nouveau produit sera deux fois plus grand que le premier.

Si, le multiplicande ne changeant pas, le multiplicateur devient 2 fois plus grand, alors les parties du produit restent ce qu'elles étaient; mais il y en a deux fois plus qu'auparavant; ce qui fait que le produit est encore doublé.

Exemple : $5 \times 7 = 35$
$10 \times 7 = 70$, double de 35.
$5 \times 14 = 70$, double de 35.

Le raisonnement serait le même, si l'on supposait l'un des facteurs triplé, quadruplé, quintuplé, etc.

52. 3e Théorème. — *Si l'un des facteurs devient 2 fois, 3 fois, 4 fois, etc., plus petit, l'autre facteur ne changeant pas, le nouveau produit est, lui aussi, 2 fois, 3 fois, 4 fois, etc., plus petit que le premier.*

Pour démontrer ce 3e théorème, il suffit de répéter la démonstration du 2e, en substituant *plus petit* partout où il y avait *plus grand*.

53. 4e Théorème. — *Le produit ne change pas, si l'un des facteurs devient un certain nombre de fois plus grand, et que l'autre devienne le même nombre de fois plus petit.*

Ce 4e théorème est une conséquence du 2e et du 3e. En effet, en doublant un des facteurs, on double le produit (**51**); mais en prenant la moitié de l'autre facteur, le produit, qui venait d'être doublé, redevient 2 fois plus petit (**52**); c'est-à-dire qu'en définitive il n'a pas changé.

54. 5e Théorème. — *Multiplier successivement par les facteurs d'un produit, c'est la même chose que de multiplier par le produit.*

Soit, par exemple 12×15. Je vois que $15 = 3 \times 5$. Je multiplie d'abord 12 par 3; j'ai ainsi 12 répété 3 fois, ou 3 douzaines. Je répète ces 3 douzaines 5 fois, ce qui me donne évidemment 15 douzaines, comme si j'avais multiplié en une fois 12 par 15. —

Soit encore 12×30, c'est-à-dire 12 à prendre 30 fois. Comme $30 = 2 \times 3 \times 5$, au lieu de prendre, en une seule fois, 30 douzaines, je puis prendre d'abord 2 douzaines, répéter ces deux douzaines 3 fois, ce qui donnera 6 douzaines; et enfin prendre ces 6 douzaines 5 fois, ce qui produira évidemment 30 douzaines.

55. 6e Théorème. — *Le produit obtenu en multipliant successivement un nombre quelconque de facteurs, ne changera pas, dans quelque ordre qu'on multiplie ces facteurs.*

Multiplier successivement plusieurs facteurs, c'est multiplier le premier par le second, puis multiplier le produit des deux premiers facteurs par le 3e, le produit ainsi obtenu par le 4e, et ainsi de suite. Par exemple, multiplier successivement 5 par 3, par 4, par 7, c'est multiplier 5 par3 (cela fait 15); puis 15 par 4 (cela fait 60): puis 60 par 7 (cela fait 420). On écrit :

$$5 \times 3 \times 4 \times 7 = 420.$$

Or je dis que j'obtiendrai toujours le même produit 420, dans quelque ordre que je dispose les facteurs 5, 3, 4 et 7. Pour le démontrer, il suffit de prouver qu'un facteur quelconque, 7 par exemple, peut indifféremment occuper une place quelconque. Or cela est certain. En effet, 7 occupe déjà la dernière place; je puis l'écrire à l'avant-dernière. Car multiplier successivement par 4 et par 7, c'est multiplier par $28 = 4 \times 7$ (**54**). Multiplier par 28, cela revient à multiplier successivement par 7 et par 4. Je puis donc écrire :

$$5 \times 3 \times 4 \times 7 = 5 \times 3 \times 28.$$
$$5 \times 3 \times 28 = 5 \times 3 \times 7 \times 4.$$

Raisonnant de même, j'ai :

$$5 \times 3 \times 7 \times 4 = 5 \times 21 \times 4.$$
$$5 \times 21 \times 4 = 5 \times 7 \times 3 \times 4.$$

Enfin j'ai :

$$5 \times 7 \times 3 \times 4 = 35 \times 3 \times 4.$$
$$35 \times 3 \times 4 = 7 \times 5 \times 3 \times 4.$$

Le facteur 7 peut donc occuper indifféremment toutes les places : il en est de même des autres facteurs. Donc le 6e Théorème est démontré.

56. Il y a trois cas dans la Multiplication : 1° celui où les deux facteurs ne renferment chacun qu'un seul chiffre; 2° celui où l'un des facteurs est d'un seul chiffre, et l'autre de plusieurs; 3° celui où les facteurs sont tous deux composés de plusieurs chiffres.

Ier CAS.

Les deux facteurs ne renferment qu'un seul chiffre.

57. Dans ce cas, le seul procédé pratique est d'apprendre par cœur tous les produits formés par deux facteurs d'un seul chiffre. On les trouve inscrits dans la ***table de Multiplication***, dont l'invention est attribuée à Pythagore.

1	2	3	4	5	6	7	8	9
2	**4**	6	8	10	12	14	16	18
3	6	**9**	12	15	18	21	24	27
4	8	12	**16**	20	24	28	32	36
5	10	15	20	**25**	30	35	40	45
6	12	18	24	30	**36**	42	48	54
7	14	21	28	35	42	**49**	56	63
8	16	24	32	40	48	56	**64**	72
9	18	27	36	45	54	63	72	**81**

On voit, à la première inspection, comment se forme cette table. La première ligne commence par 1 et se continue en ajoutant toujours 1; la deuxième commence par 2, et se continue en ajoutant toujours 2; la troisième commence par 3, et se continue en ajoutant toujours 3, etc.

Pour trouver dans cette table le produit de deux facteurs, composés chacun d'un seul chiffre, prenez l'un des facteurs dans la première colonne à gauche, et transportez-vous horizontalement jusque sous le second facteur, pris dans la première ligne horizontale supérieure. Exemple : 7×8. A partir de 7, pris dans la première colonne à gauche, je me transporte horizontalement jusque sous le 8, pris dans la première ligne horizontale supérieure, et je trouve $56 = 7 \times 8$. En effet, comme, dans la ligne horizontale commençant par 7, on ajoute toujours 7, on a 7×2 à la deuxième colonne, 7×3 à la troisième..... 7×8 à la huitième.

58. On peut faire quelques remarques, qui aideront à retenir les produits les plus difficiles.

1° On peut apprendre de suite les carrés parfaits, c'est-à-dire les produits obtenus en multipliant un nombre par lui-même. On les trouve dans la table en suivant la diagonale qui va de 1 à 81. Ce sont :

1. 4. 9. 16. 25. 36. 49. 64. 81.

La table est symétrique par rapport à la diagonale des carrés.

2° Les produits par 9 sont faciles à retenir, si l'on observe que prendre un certain nombre de fois 9, cela vient à prendre un certain nombre de fois 10, et à retrancher le même nombre de fois 1.

Par ex., 6 fois 9 = 6 dizaines moins 6 unités = 54.

= De même, 7 fois 9 = 7 dizaines moins 7 unités = 63.

3° Les produits les plus difficiles à retenir sont

peut-être $7 \times 6 = 42$ et $7 \times 8 = 56$. Il est bon d'y faire une attention toute spéciale.

IIe CAS.

Un des facteurs renferme plusieurs chiffres, l'autre n'en renferme qu'un seul.

59. Procédé. — 1° *Écrivez d'abord le facteur composé de plusieurs chiffres : ce sera le multiplicande. Écrivez au-dessous le facteur qui n'a qu'un seul chiffre : ce sera le multiplicateur. Tirez une barre. 2° Multipliez par le multiplicateur les unités du multiplicande ; écrivez au-dessous de la barre le produit ainsi obtenu, tout entier, s'il n'a qu'un seul chiffre ; s'il en a deux, écrivez le chiffre de droite et retenez le chiffre de gauche pour le joindre au produit suivant. 3° Opérez ainsi sur les dizaines, sur les centaines, etc., jusqu'à ce que vous ayez multiplié le multiplicande tout entier.*

Exemple : $36\ 857 \times 6 = 221\ 142$.

$$\begin{array}{r} 36\ 857 \\ 6 \\ \hline 221\ 142 \end{array}$$

On dit : 6 fois 7 font 42, je pose 2 et retiens 4 ; 6 fois 5 font 30, et 4 (retenus) font 34, je pose 4 et retiens 3 ; 6 fois 8 font 48, et 3 font 51, je pose 1 et retiens 5 ; 6 fois 6 font 36, et 5 font 41, je pose 1 et retiens 4 ; 6 fois 3 font 18, et 4 font 22, je pose 22.

60. Démonstration. — Il s'agissait de composer un produit avec 36 857 comme 6 est composé avec l'unité, c'est-à-dire de former un produit qui renfermât 6 fois 36 857 comme 6 renferme 6 fois l'unité. Or c'est ce que j'ai fait ; car j'ai pris 6 fois toutes les parties du multiplicande 36 857.

IIIe CAS.

Les facteurs renferment tous deux plusieurs chiffres.

61. Procédé. — 1° *Ecrivez les deux facteurs l'un sous l'autre comme pour l'addition et la soustraction, et tirez une barre.* 2° *Multipliez tout le multiplicande par les unités du multiplicateur, en suivant le procédé du 2e cas : vous obtiendrez ainsi un premier produit partiel.* 3° *Multipliez tout le multiplicande par les dizaines du multiplicateur : vous obtiendrez ainsi un 2e produit partiel que vous écrirez, sous le premier, en plaçant le premier chiffre à droite sous le second du produit précédent.* 4° *Continuez ainsi jusqu'à ce que vous ayez multiplié le multiplicande entier par tous les chiffres du multiplicateur.* 5° *S'il se trouve un 0 intercalé dans les chiffres du multiplicateur, omettez-le dans la multiplication ; mais ayez soin d'avancer de deux rangs vers la gauche le produit partiel suivant.* 6° *Faites l'addition des produits partiels.*

Exemples :

```
   34 561           45 067
    2 843            6 704
 --------       ----------
  103 683          180 268
  1382 44         31546 9
 27648 8         270402
 69122          ----------
 --------        302129 168
 98256 923
```

62. Démonstration. — Je ferai le raisonnement sur le second exemple. J'ai à composer un produit avec le multiplicande, comme le multiplicateur 6704 est composé avec l'unité, c'est-à-dire un produit qui renferme 6704 fois le multiplicande. Or c'est ce que j'ai trouvé. En effet, pour prendre le multiplicande 6704 fois, je puis le prendre d'abord 4 fois, puis 700 fois, enfin 6000 fois. Or le multiplicande a été pris 4 fois dans le premier produit partiel. Il a été pris 700 fois dans le second. Il est vrai que, considéré en lui-même, ce second produit partiel a été formé en prenant le multiplicande 7 fois seulement; mais, placé comme il l'est, tous ses chiffres ont été considérés, dans l'addition finale, comme ayant une valeur relative 100 fois plus grande, puisqu'on a regardé le premier chiffre à droite comme exprimant, non pas des unités, mais des centaines; le second, comme exprimant, non pas des dizaines, mais des mille, etc. Donc, à cause de cette valeur relative centuple donnée à tous ses chiffres, le second produit partiel renferme réellement le multiplicande 700 fois. Pour une raison semblable, le 3e produit partiel le renferme 6000 fois. Donc le produit total le renferme 6704 fois.

63. Remarque. — Si l'un des facteurs est terminé par un ou plusieurs zéros, on peut multiplier comme s'ils n'existaient pas, pourvu qu'on les écrive à la fin du produit total. Exemple : si j'ai à multiplier 12700 par 76, je multiplierai 127 par 76 ; j'obtiendrai 9 652, et j'écrirai deux zéros à la suite de ce produit.

```
  12 700
      76
--------
   76 2
  889
--------
 965 200
```

En effet, en multipliant 127 au lieu de 12 700, je rends le premier facteur 100 fois plus petit; et, pour cette raison, le produit 9 652 est 100 fois trop petit (**52**). Or, je le rends tel qu'il doit être, c'est-à-dire 100 fois plus grand, en écrivant 2 zéros à la suite (**23**).

On agirait de même si les deux facteurs étaient terminés par des zéros.

Soit 12 700 multiplié par 76 000.

Je multiplie 127 par 76, et j'écris, à la suite du produit total, d'abord les 2 zéros du multiplicande, ensuite les 3 zéros du multiplicateur, en tout 5 zéros.

En effet, on a déjà montré pourquoi il faut écrire à la suite du produit 9652 les deux zéros du multiplicande; mais 965 200 est encore 1000 fois trop petit; car, pour le former, on a multiplié par 76, et il fallait multiplier par 76 000, facteur 1000 fois plus grand (**52**). Donc, pour donner au produit sa véritable valeur, il faut écrire encore à sa suite 3 zéros, c'est-à-dire, 5 zéros en tout. Voici l'opération :

```
      12 700
      76 000
   ------------
      76 2
     889
   ------------
     965 200 000
```

64. Preuve de la multiplication. — On peut faire la preuve d'une multiplication par une autre multiplication. Il suffit pour cela de prendre le multiplicande pour multiplicateur, et le multiplicateur pour multiplicande. Si l'on a bien opéré, on doit retrouver le même produit (**50**).

ARTICLE IV.

DIVISION.

65. Définition. — Comme on l'a vu (**30**), la **Division** est *une opération dans laquelle, étant donnés le produit de deux facteurs et l'un de ces facteurs, on cherche l'autre.*

Cette définition convient à toutes les divisions possibles, à celle des nombres entiers comme à celle des nombres fractionnaires.

Le produit donné s'appelle *Dividende*, le facteur connu s'appelle *Diviseur*, et le facteur cherché s'appelle *Quotient*.

66. Nous n'avons à exposer ici que la division des nombres entiers, c'est-à-dire, celle dans laquelle on divise un nombre entier par un nombre entier. Dans l'addition, dans la soustraction et dans la multiplication des nombres entiers, les résultats sont toujours des nombres entiers : il n'en est pas de même dans la division. En divisant un nombre entier par un nombre entier, on trouve le plus souvent un quotient fractionnaire.

67. La division par un nombre entier peut aussi se définir : *une opération qui a pour but de trouver la valeur de chacune des parties du dividende partagé en autant de parties qu'il y a d'unités dans le diviseur.* C'est cette valeur de chacune des parties du dividende ainsi partagé qu'on appelle *Quotient*. Cette seconde définition est une conséquence de la définition générale donnée ci-dessus (**65**). En effet, d'après la définition générale, le quotient, multiplié par le diviseur (qui est un nombre entier), c'est-à-dire le quotient répété un nombre entier de fois, reproduit le dividende. Donc le dividende contient le quotient autant de fois qu'il y a d'unités dans le diviseur. Donc, si l'on partage le dividende en autant de parties qu'il y a d'unités dans le diviseur, la valeur de chaque partie sera précisément le quotient. Cette seconde définition explique l'origine des mots *division*, *dividende* et *diviseur*.

Quant au mot *quotient*, qui vient du mot latin *quoties* (combien de fois), sa signification n'est parfaitement conforme à l'étymologie que dans le cas où le résultat de la division est entier, comme dans la division de 12 par 4. Le quotient 3 exprime *combien de fois* 12 contient 4.

68. Il y a deux procédés pour la division des nombres entiers : le premier permet d'exprimer immédiatement, sans calcul et exactement, le quotient *complet* d'un nombre entier quelconque par un autre nombre entier ; le second sert à trouver ce quotient d'une manière moins rapide, mais sous une forme plus simple et plus commode.

§ I.

Ier PROCÉDÉ.

69. *Prenez le dividende pour numérateur et le diviseur pour dénominateur : vous obtiendrez ainsi une fraction qui sera le quotient cherché.*

Soit, par exemple, à diviser 125 par 37. J'écris la fraction $\frac{125}{37}$: c'est le quotient exact et complet.

Démonstration. — Diviser 125 par le nombre entier 37, c'est (**67**) chercher ce qu'on obtient en partageant 125 unités en 37 parties égales. Or, une unité partagée en 37 parties égales donne un 37me d'unité. Donc 125 unités, ainsi partagées, donneront 125 fois un 37me d'unité, c'est-à-dire la fraction $\frac{125}{37}$.

70. *Remarque.* Comme on vient de le voir, la fraction $\frac{125}{37}$ peut être regardée comme le quotient de 125 par 37. En général, *une fraction quelconque est le quotient de son numérateur divisé par son dénominateur.* Soit, par exemple, la fraction $\frac{3}{4}$. On a évidemment

$$\frac{3}{4}=\frac{1}{4}+\frac{1}{4}+\frac{1}{4}.$$

Or $\frac{1}{4}$ est le quotient d'une unité divisée par 4. Donc $\frac{3}{4}$ est le quotient de 3 unités divisées par 4.

§ II.

IIe PROCÉDÉ.

71. Il y a trois cas à distinguer : 1° le diviseur n'a qu'un seul chiffre et le quotient est plus petit que 10 ; 2° le diviseur n'a qu'un chiffre et le quotient n'est pas inférieur à 10 ; 3° le diviseur a plusieurs chiffres.

1er CAS.

Le diviseur n'a qu'un chiffre et le quotient est plus petit que 10.

72. Dans ce cas, pour faire la division, il suffit de bien connaître la table de multiplication (**57**). On sait alors quel est, parmi les multiples du diviseur, celui qui est contenu dans le dividende ; ce qui fait connaître le quotient.

Exemple : soit 35 : 5. Parmi les multiples de 5, qui sont 5, 10, 15, 20, etc., je vois que c'est le 7e, 35, qui est égal au dividende : le quotient est donc 7.

Si le dividende ne figurait pas au nombre des multiples du diviseur, on prendrait le multiple immédiatement inférieur, et le facteur correspondant serait le quotient cherché, à moins d'une unité près. L'excès du dividende sur le multiple choisi s'appelle le *reste* de la division. Exemple : 38 : 5. Je vois que le multiple de 5 immédiatement inférieur à 38 est 35, qui donne pour quotient 7. Le multiple 40, qui donnerait pour quotient 8, est plus grand que le dividende 38. Donc le quotient de 38 divisé par 5 est plus grand que 7 et plus petit que 8. C'est donc 7 unités, plus une partie d'unité, c'est-à-dire une fraction.

73. Cette fraction n'est autre que $\frac{3}{5}$. En effet (**67**), diviser 38 par 5, c'est partager 38 en 5 parties égales. Or, je trouve d'abord que je puis attribuer à chaque partie 7 unités. Cinq parties de 7 unités chacune donnent 35 unités. Il me reste donc encore 3 unités à partager en 5 parties égales. Une unité partagée en 5 donne $\frac{1}{5}$. Donc 3 unités partagées en 5 parties égales donnent $\frac{3}{5}$. Le quotient complet est donc 7 unités plus 3 cinquièmes d'unité, c'est-à-dire $7 + \frac{3}{5}$.

L'opération peut se poser comme il suit :

Dividende	35	5 divis.	Divid.	38	5 divis.
		7 quot.	Reste.	3	$7\frac{3}{5}$ quot.

On peut aussi écrire : $35 = 5 \times 7$ et $38 = 5 \times 7 + 3$.

IIe CAS.

Le diviseur n'a qu'un chiffre et le quotient n'est pas inférieur à 10.

74. Quand le diviseur n'a qu'un chiffre, il y a un moyen facile de voir si le quotient n'est pas inférieur à 10 : c'est d'examiner si le dividende égale ou surpasse le diviseur décuplé, c'est-à-dire multiplié par 10. Ainsi, soit 35 : 5 ; je vois que le quotient n'a qu'un chiffre, parce que le décuple du diviseur est 50, nombre plus grand que le dividende 35. Au contraire, soit 135 : 5 ; je vois que le quotient sera supérieur à 10, parce que le dividende 135 surpasse 50, décuple du diviseur.

75. Procédé. — 1° *On écrit le diviseur à la droite du dividende, en les séparant par une barre verticale, et l'on trace une barre horizontale sous le diviseur.* 2° *On prend, sur la gauche du dividende, assez de chiffres pour former un nombre qui contienne le diviseur : c'est ce qu'on appelle le premier dividende partiel. On peut mettre un point sur le dernier chiffre de ce dividende partiel.* 3° *On divise le 1er dividende partiel par le diviseur, en opérant comme dans le 1er cas ; on écrit, à la place réservée pour le quotient, le chiffre résultant de cette première division.* 4° *On multiplie le diviseur par le chiffre qu'on vient d'écrire au quotient ; on écrit le produit sous le 1er dividende partiel, et l'on tire une barre horizontale.* 5° *On soustrait ce produit du 1er dividende partiel ; à la suite du reste, on abaisse le chiffre du dividende placé à la droite du 1er dividende partiel, et l'on obtient ainsi un second dividende partiel, sur lequel on opère comme sur le 1er.* 6° *On continue ainsi jusqu'à ce qu'on ait abaissé le dernier chiffre du dividende total. Le reste, s'il y en a un, s'écrit sous le dernier produit ; et le quotient se complète par une fraction, dont le numérateur est le reste de la division, et dont le dénominateur est le diviseur.* 7° *Si l'un des dividendes partiels ne contenait pas le diviseur, on écrirait un zéro au quotient, et l'on abaisserait immédiatement le chiffre sui-*

vant du dividende, afin de former un dividende partiel assez grand pour contenir le diviseur.

```
Exemple : 5 705 108 | 7
          5 6       |-------      3
          ---       | 815015  +  ---
           10                     7
            7
          ----
            35
            35
          ------
             0 10
                7
             -----
               38
               35
             -----
                3
```

Je prends, sur la gauche du dividende, les deux chiffres 5 et 7 pour former un nombre qui contienne 7. Je dis : en 57, combien de fois 7? il y est 8 fois (j'écris 8 au quotient en même temps que je le prononce). 7 fois 8 font 56, que j'écris sous 57, premier dividende partiel; je tire une barre et je soustrais 56 de 57. J'ai pour reste 1, à la suite duquel j'abaisse 0, chiffre qui suit 57 au dividende total; et j'ai 10, second dividende partiel, sur lequel j'opère comme sur le précédent; et ainsi de suite. En soustrayant le 3e produit 35 du dividende partiel 35, j'ai eu 0 pour reste; j'ai abaissé le chiffre suivant 1 du dividende total; et, comme le nombre 1 ne contient pas le diviseur 7, j'ai posé 0 au quotient et abaissé le zéro du dividende total, ce qui m'a donné le dividende partiel 10, lequel contient le diviseur 7.

Ce procédé peut être abrégé de deux manières.

76. 1° On peut ne pas écrire les produits partiels :

```
5 705 108 | 7
  10      |-------      3
   35     | 815015  +  ---
    0 10                7
       38
        3
```

77. 2° On peut ne pas écrire même les dividendes partiels. Alors il vaut mieux écrire le quotient sous le dividende, et le reste, s'il y en a, sous le diviseur.

$$\begin{array}{l|l} 5\ 705\ 108 & 7 \\ \quad 815\ 015 + \frac{3}{7} & 3 \text{ reste.} \end{array}$$

On dit : le 7ᵉ de 57 est 8 (on écrit 8) pour 56, de 57 reste 1. On place mentalement le zéro du dividende à la suite de ce reste 1. Le 7ᵉ de 10 est 1 pour 7, de 10 reste 3. Le 7ᵉ de 35 est 5, reste 0. Le 7ᵉ de 1 est 0. Le 7ᵉ de 10 est 1 pour 7, reste 3. Le 7ᵉ de 38 est 3 pour 35, reste 3.

78. Démonstration. — Comme on l'a vu (**67**), la division par un nombre entier peut être regardée comme une opération qui a pour but de partager le dividende en autant de parties égales qu'il y a d'unités dans le diviseur, et de trouver la valeur de chaque partie. Je puis donc, pour fixer les idées, supposer qu'il s'agit, dans l'exemple ci-dessus, de diviser une somme de 5,705,108 francs également entre 7 personnes, et de trouver combien il faut donner de francs à chaque personne.

Je commence l'opération par la gauche (tout à l'heure je dirai pourquoi). Je n'ai que 5 millions à partager, et j'ai 7 parts à faire : donc je ne puis donner un million à chaque personne. Je change les 5 millions en 50 centaines de mille, j'y ajoute les 7 centaines de mille écrites au dividende, et j'obtiens, pour première somme à répartir, 57 centaines de mille. Il revient 8 centaines de mille à chaque personne (**72**); multipliant 8 par 7, je reconnais qu'en agissant ainsi, j'aurai distribué, en tout, 56 centaines de mille, que je soustrais de 57 centaines de mille; et il me reste 1 centaine de mille. Ce reste ne me permettant pas de donner 1 centaine de mille en plus à chacune des 7 personnes, je procède maintenant à la distribution des dizaines de mille. Combien en ai-je à partager? 10 seulement, provenant de 1 centaine de mille qui me reste de la distribution précédente. J'attribue 1 dizaine de mille à chaque part. ce qui fait 7 dizaines de mille en tout, et il m'en reste 3 à partager. Je change ces 3 dizaines de mille en 30 unités de mille, j'y ajoute les 5 unités de mille écrites au dividende; ce qui me donne 35 unités de mille pour 3e dividende partiel. Il revient 5 unités de mille à chaque personne, et il ne m'en reste plus aucune à partager. Je ne trouve au dividende qu'une seule centaine; je ne puis donc en donner même une seule à chacune des 7 personnes. C'est pour cela que je pose 0 aux centaines du quotient, et que je procède au partage des dizaines. J'en ai en tout 10 à partager, lesquelles proviennent de la centaine du dividende qui n'est pas encore distribuée; je donne 1 dizaine à chaque personne. Ayant donné 7 dizaines en tout, il m'en reste 3, qui font 30 unités; j'y ajoute les 8 unités du dividende; sur ces 38 unités, j'en donne 5 à chaque personne; j'ai ainsi distribué 35 unités en tout, de sorte qu'il m'en reste encore 3 à partager. Ces trois unités qui restent conduisent à compléter le quotient par la fraction $\frac{3}{7}$.

79. Pourquoi ai-je commencé l'opération par la gauche? Si le partage de chaque ordre d'unités pouvait se faire séparément d'une manière exacte, c'est-à-dire sans reste, on pourrait commencer indifféremment par la gauche ou par la droite, ou même par les chiffres intermédiaires. C'est ce qu'on peut vérifier en divisant 6 930 396 par 3. Mais c'est là un cas extrêmement rare. Presque toujours, il arrivera que les unités d'un certain ordre, ou bien seront en trop petit nombre pour que le partage puisse se faire, ou bien donneront un reste. Dans ces deux cas, qui se sont présentés dans la division de 5 705 108 par 7, nous avons facilement résolu la difficulté, en changeant en unités dix fois plus petites les unités à partager. Nous avons pu ainsi procéder successivement au partage des centaines de mille, des dizaines de mille, des unités de mille, des centaines, des dizaines et des unités, avec la certitude que nous n'aurions jamais à changer les chiffres écrits au quotient. Car, à chaque ordre d'unités, comme nous avions soin d'ajouter le reste de l'opération précédente au chiffre du dividende, nous étions sûrs de ne rien oublier dans le partage. Si nous avions commencé l'opération par la droite, nous n'aurions pas eu les mêmes avantages.

80. Ainsi, on commence la division par la gauche, afin de pouvoir recueillir, en partageant chaque ordre d'unités, les résidus fournis par les ordres précédents. C'est la même raison, au fond, qui porte à commencer l'addition, la soustraction et la multiplication par la droite. En effet, dans ces trois opérations, les résidus, fournis en opérant sur les différents ordres d'unités, sont des dizaines, qu'on n'écrit pas sous la colonne d'où ils proviennent, mais qui entrent tout naturellement, comme unités, dans la colonne à gauche. On pourrait commencer l'addition, la soustraction et la multiplication par la gauche, si l'on pouvait écrire, sous chaque colonne, le résultat complet de la colonne. On peut s'en assurer en commençant par la gauche les trois opérations suivantes :

Addition.	Soustraction.	Multiplication.
30 214	768 254	121 013
5 361	231 032	213
23 402	537 222	242026
1 012		121013
59 989		363039
		25775769

IIIe CAS.

Le diviseur est composé de plusieurs chiffres.

81 Procédé. — Le procédé est à peu près le même que pour le 2e cas. Seulement il est bon d'ajouter quelques explications sur la manière de trouver le chiffre à écrire au quotient. Voici comme il convient d'opérer.

On néglige tous les chiffres du diviseur, sauf le 1er chiffre à gauche ; et, dans chaque dividende partiel, on néglige vers la droite autant de chiffres qu'on en a négligés dans le diviseur. De cette manière on a à diviser un nombre de deux chiffres au plus par un nombre d'un seul chiffre. Le chiffre ainsi trouvé pourra bien être trop fort, surtout quand le second chiffre du diviseur sera considérable. Aussi, avant d'écrire au quotient le chiffre trouvé, il sera bon de multiplier *à vue* le second chiffre du diviseur par le chiffre qu'on essaie, afin de voir si les dizaines retenues ne rendent pas le produit trop fort.

Exemple. Je divise 302 129 168, produit obtenu (**61**), par 6 704, un de ses facteurs. La division me fera retrouver l'autre facteur : 45 067.

```
302 129 168 | 6704
268 16      |------
            | 45067
-----------
 33 969
 33 520
-----------
    449 16
    402 24
    -------
     46 928
     46 928
     -------
          0
```

Comme dans le 2e cas (**75**), je prends sur la gauche du dividende 5 chiffres, afin de former un nombre qui contienne le diviseur 6 704. Je dis : en 30 combien de fois 6? Il y est 5 fois. Mais comme 7, second chiffre du diviseur, est assez considérable, avant d'écrire 5 comme premier chiffre du quotient, je le multiplie à vue par 7, ce qui donne 35, c'est-à-dire 3 dizaines qui, réunies au nombre 30, produit de 6 par 5, feraient 33. C'est trop, puisque, dans le dividende, je n'ai que 30. J'écris donc seulement 4 au quotient. Je multiplie tout le diviseur par 4, je pose le produit sous le 1er dividende partiel, et je fais la soustraction; j'ai pour reste 3 396, à la suite duquel j'abaisse le chiffre suivant 9 du dividende. J'obtiens ainsi 33 969 : c'est mon second dividende partiel, sur lequel j'opère comme sur le premier. J'obtiens pour 3e dividende partiel 4 491. Comme il ne contient pas le diviseur, je mets 0 au quotient et j'abaisse immédiatement 6, chiffre suivant du dividende, etc.

82. Démonstration. — Comme on l'a vu (**67**), la division proposée peut être regardée comme ayant pour but de partager une somme de 302 129 168 francs également entre 6704 personnes.

Je ne puis donner à chacune des 6704 personnes ni centaines de millions (je n'en ai que 3), ni dizaines de millions (j'en ai 30), ni unités de millions (j'en ai 302), ni centaines de mille (j'en ai 3021). Mais je puis donner des dizaines de mille; car j'en ai 30212, nombre plus grand que 6704. Comme il est difficile de deviner tout de suite le chiffre des dizaines de mille qu'il faut écrire au quotient, je suppose qu'au lieu d'avoir 6704 personnes je n'en ai que 6000, et que j'ai 30 000 dizaines de mille à partager au lieu de 30 212. Je suis ainsi conduit à diviser 30 000 par 6 000, ou, ce qui revient au même, 30 par 6. Car le même facteur qui, multiplié par 6000, donnerait 30 000, donnera seulement 30, quand on le multipliera par 6 (**52**). Comme, en supposant que le diviseur est 6,000, au lieu d'être 6704, j'ai fait une erreur assez considérable, j'essaie le premier chiffre à écrire au quotient, 5, en le multipliant à vue par le 2e chiffre 7 du diviseur; et je reconnais ainsi que je ne puis donner 5 dizaines de mille à chaque personne, parce qu'il m'en faudrait pour cela au moins 33 000 au dividende, tandis que je n'en ai que 30 000. Je me contente donc de distribuer seulement 4 dizaines de mille à chaque personne. Par la multiplication, je reconnais que j'ai distribué en tout 26 816 dizaines de mille; et, par la soustraction, je vois qu'il m'en reste encore 3 396 à partager. Ce n'est pas assez pour en donner une de plus à chaque personne. Je les change donc en unités de mille. J'en ai 33 960, plus 9 unités de mille écrites au dividende; en tout 33 969 unités de mille. C'est le 2e dividende partiel, que j'ai à partager, et sur lequel j'opère absolument comme sur le 1er.

83. La division a été définie (**65**) : *une opération par laquelle, étant donnés le produit de deux facteurs et l'un de ces facteurs, on cherche l'autre.* A l'aide de cette définition, il est facile de reconnaître que le quotient 45 067 est bien le facteur cherché. En effet, notre procédé nous a conduit à multiplier le diviseur 6 704 par tous les chiffres de ce quotient. Nous avons retranché successivement tous les produits partiels ainsi obtenus, et il n'est rien resté. Donc le dividende 302 129 168 est bien exactement le produit de 6 704 par 45 067. Donc 45 067 est le facteur cherché.

Le même raisonnement s'appliquerait évidemment au 2e cas (**74**). Dans l'exemple donné, où il s'agissait de diviser 5 705 108 par 7, on a multiplié successivement par 7 tous les chiffres du quotient 815 015 ; on a retranché les produits partiels ainsi obtenus, et il est resté 3 unités. Donc le dividende 5 705 108 renferme le produit de 7 par 815 015, plus 3 unités; donc le quotient cherché est plus de 815 015 et moins de 815 016. Il est donc, à moins d'une unité près 815 015.

84. Preuve. — La preuve de la division se fait en multipliant le diviseur par le quotient. Si l'on a bien opéré, on doit retrouver le dividende en ajoutant au produit le reste de la division.

85. Le procédé du 3e cas de la division peut être abrégé en n'écrivant pas les produits partiels, mais en les soustrayant à mesure qu'on les forme. Le calcul se dispose ainsi :

```
302 129 168 | 6704
 33 966     |------
            | 45067
   449 16
    46 928
     0 000
```

Après avoir trouvé 4 pour le premier chiffre du quotient, on dit : 4 fois 4 font 16, de 22 reste 6 (il est clair qu'on ne peut retrancher 16 ni de 2, ni de 12, mais bien de 22) ; je retiens 2 (pour me rappeler que j'ai lu 22 au minuende) ; 4 fois 0 et 2 retenus font 2, de 11 reste 9, et retiens 1 ; 4 fois 7 font 28, et 1 font 29, de 32 reste 3, et retiens 3 ; 4 fois 6 font 24, et 3 font 27, de 30 reste 3, etc.

86. Quand le diviseur est un nombre considérable et que le dividende n'a pas été choisi exprès de manière qu'il contienne exactement le diviseur, il est très-rare que la division se fasse sans reste. Ainsi, dans l'exemple ci-dessus, où le diviseur est 45 067, si le dividende n'avait pas été choisi exprès, il serait extrêmement peu probable qu'il contînt exactement le diviseur. En effet, sur 45 067 nombres entiers consécutifs, il n'y en a qu'un seul qui contienne 45 067 un nombre entier de fois. Dans la pratique, il y a donc presque toujours un reste. On le laisse écrit sous le dernier dividende partiel, et, si l'on veut avoir le quotient exact, on complète ce quotient par une fraction dans laquelle le reste forme le numérateur et le diviseur forme le dénominateur (**73**).

Remarque. — Nous terminerons ce qui regarde la division des nombres entiers en démontrant les cinq théorèmes suivants.

87. 1er Théorème. — *Diviser par un produit de plusieurs nombres entiers, revient à diviser successivement par les facteurs de ce produit.*

Supposons, par exemple, que nous ayons à diviser un nombre quelconque par 15. L'opération revient à partager le nombre proposé en 15 parties égales. Or, au lieu de le partager ainsi tout d'un coup en 15 parties égales, on peut évidemment le partager d'abord en 3 tiers, et diviser ensuite chaque tiers en 5 parties égales. On aura ainsi divisé successivement par 3 et 5, qui sont les deux facteurs de 15. — Même raisonnement pour le cas où l'on aurait à diviser par $30 = 2 \times 3 \times 5$. On pourrait partager le dividende, d'abord en 2 moitiés, puis chaque moitié en tiers, et enfin chaque tiers en cinquièmes. — Il en serait de même pour le cas où le diviseur serait le produit d'un nombre quelconque de facteurs.

88. 2e Théorème. — *Si le dividende est doublé, triplé, quadruplé, etc., le diviseur ne changeant pas, le quotient complet est lui-même doublé, triplé, quadruplé, etc.*

Car le nombre à partager étant doublé, triplé, quadruplé, etc, et le nombre des parts à faire restant le même, il est clair que chacune devient 2 fois, 3 fois, 4 fois plus forte, etc.

Par la même raison, on voit que *si le dividende devient 2 fois, 3 fois, 4 fois, etc., plus petit, le quotient lui-même devient 2 fois, 3 fois, 4 fois plus petit.*

Quand deux quantités dépendent tellement l'une de l'autre que, l'une étant doublée, triplée, etc., ou bien rendue 2 fois, 3 fois, etc, plus petite, l'autre subit exactement le même changement, on dit alors que les deux quantités sont en *raison directe* l'une de l'autre. On peut donc encore énoncer ainsi le 2e théorème : *Le quotient est en raison directe du dividende.*

89. 3e Théorême. — *Si le diviseur est doublé, triple, quadruplé, le dividende ne changeant pas, le quotient complet devient 2 fois, 3 fois, 4 fois, etc., plus petit.*

Car, le nombre à partager restant le même, si le nombre des parts à faire est doublé, triplé, quadruplé, etc., la grandeur de chaque part sera évidemment 2 fois, 3 fois, 4 fois, etc., plus petite.

Une raison toute semblable montre que *le quotient*

devient 2 fois, 3 fois, etc., plus grand, quand le diviseur devient 2 fois, 3 fois, etc., plus petit.

Quand deux quantités sont tellement liées ensemble que l'une étant doublée, triplée, etc., l'autre devient 2 fois, 3 fois, etc., plus petite, on dit que ces quantités sont en *raison inverse* l'une de l'autre. On peut donc énoncer ainsi le 3e Théorème : *Le quotient est en raison inverse du diviseur.*

90. 4e Théorème. — *Si le dividende et le diviseur sont multipliés par le même nombre entier, le quotient complet ne change pas. Il ne changerait pas non plus, si le dividende et le diviseur étaient divisés par le même nombre entier.*

Supposons, par exemple, que le dividende et le diviseur soient tous deux doublés ; en vertu du 2e théorème, le quotient sera doublé ; mais, en vertu du 3e, il deviendra deux fois plus petit ; il éprouvera donc deux changements qui se détruiront l'un l'autre.

Supposons que le dividende et le diviseur deviennent en même temps deux fois plus petits : en vertu du 2e théorème, le quotient devient 2 fois plus petit ; mais, en vertu du 3e théorème, il est rendu 2 fois plus grand ; de sorte qu'il ne change pas.

Je termine par un dernier théorème qui concerne à la fois la multiplication et la division.

91. 5e Théorème. — *Quand un nombre doit être successivement divisé et multiplié, on peut intervertir l'ordre de ces deux opérations, c'est-à-dire commencer par la multiplication et finir par la division.*

On dit que la multiplication et la division se font successivement, lorsque la 2e opération se fait sur le résultat de la 1re. Nous avons déjà vu qu'il faut donner un sens tout à fait semblable à ce qu'on appelle la multiplication *successive* (**55**) et à ce qu'on appelle la division *successive* (**87**).

Soit le nombre 537, sur lequel il s'agit d'effectuer *successivement* la division par 63 et la multiplication par 48. J'ai à diviser 537 par 63, et à multiplier par 48 le quotient obtenu. Ce quotient deviendra ainsi 48 fois plus grand. Or le quotient de 537 par 63 deviendrait également 48 fois plus grand, si, avant de diviser par 63, je commençais par rendre le dividende 48 fois plus grand, en le multipliant par 48 (**88**). Je puis donc multiplier 537 par 48, et diviser le produit ainsi obtenu par 63.

CHAPITRE III.

Fractions décimales.

ARTICLE I.

NOTIONS PRÉLIMINAIRES.

92. On appelle **fractions décimales** *les parties de l'unité partagée en* 10, *en* 100, *en* 1000... *parties égales*. Les nombres qui renferment des fractions décimales s'appellent **nombres décimaux**. L'unité, divisée en dix parties égales, donne les *dixièmes* ; les dixièmes, divisés en dix parties égales, donnent les *centièmes* ; les centièmes, divisés en dix parties égales, donnent les *millièmes* ; etc. On voit donc que les fractions décimales se déduisent les unes des autres en divisant par 10. C'est la raison pour laquelle on les appelle *décimales*.

93. On voit aussi que les fractions décimales peuvent être regardées comme formant des ordres d'unités de dix en dix fois plus petites. Cette remarque permet d'écrire très-facilement les fractions décimales. Il suffit pour cela de placer une virgule à la droite du chiffre des unités, et d'écrire à la droite de cette virgule le chiffre des dixièmes, puis, à la droite de celui-ci, le chiffre des centièmes, ensuite celui des millièmes, etc. On appliquera aux chiffres décimaux ainsi écrits la convention en vertu de laquelle : *Tout chiffre placé à droite d'un autre chiffre, exprime* *des unités dix fois plus petites que celles de ce chiffre.* La place de chaque chiffre décimal en indique ainsi la valeur relative, c'est-à-dire qu'elle indique si le chiffre exprime des dixièmes, des centièmes, des millièmes, etc.

94. C'est donc la virgule qui, dans les nombres décimaux, fixe la valeur relative de tous les chiffres. C'est elle en effet qui fait connaître le chiffre des unités. Or, à partir du chiffre des unités, se placent :

	1re PLACE	2e PLACE	3e PLACE	
A gauche.......	dizaines	centaines	mille	
A droite........	dixièmes	centièmes	millièmes	
	10	100	1 000	
	4e PLACE	5e PLACE	6e PLACE	
A gauche.....	dizaines de mille	centaines de mille	millions	
A droite......	dix-millièmes	cent-millièmes	millionnièmes	etc.
	10 000	100 000	1 000 000	

En général, *à la suite de 1, placez un nombre de zéros égal au rang d'un chiffre quelconque, à partir des unités simples; vous aurez la valeur relative de ce chiffre.*

De là résultent deux conséquences :

95. 1° *On peut écrire ou supprimer autant de zéros qu'on veut à droite d'un nombre décimal, sans changer la valeur de ce nombre.* En effet, chacun des chiffres du nombre décimal, restant à la même distance de la virgule, conserve la même valeur relative.

96. 2° *Un nombre décimal devient 10 fois plus grand, quand on déplace la virgule d'un rang pour la porter vers la droite.* En effet, par ce déplacement, la valeur relative de tous les chiffres devient 10 fois plus grande : le chiffre qui exprimait des unités exprime des dizaines ; celui qui exprimait des dizaines exprime des centaines ; le chiffre qui exprimait des dixièmes exprime des unités ; celui qui exprimait des centièmes exprime des dixièmes, etc. Le même raisonnement prouverait qu'un nombre décimal est multiplié par 100, en déplaçant la virgule de deux rangs vers la droite ; par 1 000, en la déplaçant de trois rangs, etc. En général, *on multiplie par 10, 100, 1 000, etc., en déplaçant la virgule d'autant de rangs vers la droite qu'il y a de zéros à la suite du chiffre 1 dans le multiplicateur.*

97. *De même, on divise par 10, 100, 1 000, etc., en déplaçant la virgule vers la gauche d'autant de rangs qu'il y a de zéros à la suite du chiffre 1 dans le diviseur.* Par suite de ces déplacements, la valeur relative de chaque chiffre devient 10, 100, 1 000, etc. fois plus petite.

C'est ce qu'on peut vérifier sur le nombre décimal 27,305 72
Le produit de ce nombre par 10 est. 273,057 2
Le produit par 100 est.......... 2 730,572
Le produit par 1 000 est........ 27 305,72
Le quotient par 10 est.......... 2,730 572
Le quotient par 100 est......... 0,273 0572
Le quotient par 1 000 est....... 0,027 30572

ARTICLE II.

NUMÉRATION DES NOMBRES DÉCIMAUX.

98. Manière de lire un nombre décimal écrit en chiffres. — On peut le lire de trois manières : par *ordres*, par *classes* et *en bloc*.

99. 1° *Par ordres.* — On énonce à part les dixièmes, les centièmes, les millièmes, les dix-millièmes, les cent-millièmes et tous les autres ordres. Ex. : 27,30572. On lit : 27 unités, 3 dixièmes, 5 millièmes, 7 dix-millièmes, 2 cent-millièmes.

100. 2° *Par classes.* — On forme la classe des millièmes avec les trois chiffres qui suivent la virgule, celle des millionièmes avec les trois suivants, et ainsi de suite. S'il n'y a pas trois chiffres pour la dernière classe, on lit comme si elle était complétée par un ou deux zéros écrits à la droite du dernier chiffre. (On a vu (**95**) que ces zéros ne changent en rien la valeur du nombre). Ex. : 27,30572. On lit : 27 unités, 305 millièmes, 720 millionièmes. En effet le 3 exprime des dixièmes, dont chacun vaut 10 centièmes et, par conséquent, vaut 100 millièmes. Donc, en réduisant les dixièmes et les centièmes en millièmes, j'ai en tout 305 millièmes. De même le chiffre 2 vaut 20 millionièmes, et le chiffre 7 vaut 700 millionièmes; ce qui fait en tout 720 millionièmes.

Cette manière de lire est la plus commode quand le nombre contient beaucoup de chiffres décimaux. Ex. : 3,141 592 653 589 793 238 4. On lira : 3 unités, 141 millièmes, 592 millionièmes, 653 billionièmes, 589 trillionièmes, 793 quatrillionièmes, 238 quintillionièmes, 400 sextillionièmes.

101. 3° ***En bloc.*** — On compose, avec tous les chiffres décimaux, un nombre qu'on lit comme si c'était un nombre entier; et, à la suite, on énonce l'ordre d'unités décimales auquel appartient le dernier chiffre à droite. Ex. : 27,30572. On lit : 27 unités, trente mille cinq cent soixante-douze cent-millièmes. En effet, le nombre 27,30572 contient d'abord, immédiatement à la suite de la virgule, 3 dixièmes, qui valent 30 centièmes ou 300 millièmes. Comme il y a 5 à l'ordre des millièmes, j'ai en tout 305 millièmes. Ces 305 millièmes valent 3050 dix-millièmes, lesquels, réunis au chiffre 7 de l'ordre des dix-millièmes, donnent 3057 dix-millièmes. Ces 3057 dix-millièmes valent 30570 cent-millièmes qui, joints au chiffre 2 de l'ordre des cent-millièmes, donnent en tout 30572 cent-millièmes.

102. On pourrait aussi ne pas énoncer à part les ordres d'unités entières et lire le nombre *en bloc*, comme s'il n'y avait pas de virgule, en ayant toujours soin d'énoncer à la fin le nom du dernier ordre d'unités décimales. Ainsi on peut lire le nonbre 27,30572 en disant : 2 millions 730 mille 572 cent-millièmes. En effet, en commençant par la gauche, on trouve d'abord les 27 unités, qui valent 270 dixièmes; ajoutant le chiffre 3 des dixièmes, on a 273 dixièmes, qui valent 2730 centièmes ou 27300 millièmes; ajoutant le chiffre des millièmes 5, on a 27305 millièmes, qui valent 273050 dix-millièmes; ajoutant 7, chiffre des dix-millièmes, on a 273057 dix-millièmes, qui valent 2730570 cent-millièmes; et enfin, ajoutant 2, chiffre des cent-millièmes, on a 2730572 cent-millièmes.

103. Remarque I. — De ce qui précède, il suit que : *Tout nombre décimal peut être regardé comme un nombre entier d'unités de l'ordre auquel appartient le chiffre décimal le plus éloigné de la virgule.* C'est la raison pour laquelle le calcul des nombres décimaux ne diffère pas, au fond, de celui des nombres entiers.

104. Remarque II. — *On peut, dans un nombre décimal, choisir un ordre quelconque d'unités pour unité principale.* Le chiffre placé à cet ordre représente alors des unités simples; le premier chiffre à gauche, des dizaines; le deuxième à gauche, des centaines, etc.; le premier chiffre à droite de l'ordre choisi pour unité principale exprime des dixièmes; le deuxième chiffre à droite, des centièmes, etc. Ainsi, dans 27,30572, je puis choisir l'ordre des millièmes comme unité principale et lire : 27305 millièmes, 72 centièmes de millième.

105. Manière d'écrire un nombre décimal dicté. — 1° S'il est dicté *par ordres*, on écrit les ordres à mesure qu'ils sont dictés, en ayant soin de remplacer par un zéro chaque ordre manquant.

106. 2° Si le nombre est dicté *par classes*, on écrit successivement chaque classe dictée, en remplaçant par trois zéros toute classe absente. A la dernière classe, on supprime, si l'on veut, les zéros qui peuvent la terminer.

107. 3° Si le nombre est dicté *en bloc*, on écrit d'abord les ordres d'unités entières, on met une virgule, et, à la suite, on place les chiffres décimaux. Pour les écrire, on examine combien il y a de chiffres dans le nombre décimal dicté, et combien il faudrait de zéros à la suite du chiffre 1 pour dénommer l'ordre d'unités décimales énoncé. S'il faut plus de zéros qu'il n'y a de chiffres dans le nombre décimal dicté, on commence par écrire, à la suite de la virgule, autant de zéros qu'il en faut pour rétablir l'égalité. Supposons, par exemple, qu'on dicte le nombre 45 unités, 6309 dix-millionièmes. Je commence par écrire 45. Puis, comme je vois que le nombre 6309 ne contient que quatre chiffres, tandis que dix millions contient 7 zéros, je mets 3 zéros à la suite de la virgule, et j'écris ensuite les 4 chiffres du nombre 6309. J'ai ainsi 45,000 6309. Il est clair qu'en agissant ainsi, le chiffre 9 sera placé au rang qui convient aux dix-millionièmes, et que les autres chiffres décimaux auront aussi la valeur relative qu'ils doivent avoir.

108. Si le nombre était dicté sans séparer les unités entières des unités décimales, on l'écrirait comme s'il était entier, et ensuite on placerait la virgule de manière qu'elle fût suivie d'autant de chiffres décimaux qu'il y a de zéros dans le nom des plus petites unités décimales dictées. S'il était nécessaire, on placerait pour cela autant de zéros qu'il faudrait à gauche du premier chiffre significatif, on écrirait ensuite la virgule, et l'on placerait encore un zéro devant cette virgule, pour indiquer l'absence des unités entières.

Ex : Soit à écrire : cinquante-trois millions, cinq cent quatre-vingt-six mille, soixante-neuf cent-millièmes. J'écris d'abord le nombre entier 53 586 069, et je place ensuite la virgule de manière à séparer cinq chiffres décimaux, c'est-à-dire autant qu'il y a de zéros dans 100 000. J'ai ainsi 535,860 69.

Soit encore à écrire huit mille sept cent trente-deux cent millionièmes. J'écris d'abord le nombre entier 8 632; ensuite je considère quil y a 8 zéros dans 100 000 000. Il faut donc que le chiffre 2 soit au 8e ordre d'unités décimales. C'est ce qui m'engage à écrire 4 zéros entre la virgule et le nombre 8 632. J'ai ainsi 0,000 086 32.

ARTICLE III.

ADDITION ET SOUSTRACTION DES NOMBRES DÉCIMAUX.

109. Le procédé est le même que pour les nombres entiers. La seule précaution particulière qu'il faut prendre, c'est de poser les nombres de manière que les virgules soient les unes sous les autres. De cette façon, toutes les colonnes contiennent des chiffres de même espèce. On peut alors ajouter ou soustraire chaque colonne, et faire les retenues d'une colonne sur l'autre, absolument comme si l'on avait affaire à des nombres entiers. En effet les procédés indiqués pour l'addition et la soustraction des nombres entiers reposent sur la convention en vertu de laquelle un chiffre placé à gauche d'un autre exprime des unités dix fois fois plus fortes que les unités exprimées par cet autre chiffre. Or cette convention s'applique aux nombres décimaux comme aux nombres entiers. Donc les procédés doivent être les mêmes.

Exemple d'addition : 508,047 23 + 41,256 + 0,069 227 + 3,141 59.

On opère comme il suit :

$$\begin{array}{r@{,}l} 508 & 047\ 23 \\ 41 & 256 \\ 0 & 069\ 227 \\ 3 & 141\ 59 \\ \hline 552 & 514\ 047 \end{array}$$

110. En effet on pourrait, sans rien changer à la valeur des nombres donnés, les poser ainsi (**95**) :

508,047 236
41,256 000
0,069 227
3,141 590
552,514 047

Or, chacun des nombres donnés pouvant être regardé comme un nombre de millionièmes (**103**), on peut évidemment ajouter ces nombres de millionièmes comme on ajouterait des nombres d'unités entières.

Il est fort inutile d'écrire des zéros à la droite des nombres décimaux, dès que les virgules sont placées, les unes sous les autres.

111. 1er exemple de soustraction : 67,045 07 — 29,361 478 1.

Il est utile d'écrire ici des zéros à la droite du minuende, pour qu'il y ait le même nombre de chiffres décimaux dans les nombres posés.

67,045 070 0
29,361 478 1
37,683 591 9

2e exemple de soustraction : 25,342 + 0,512 + 8,3 + x = 127,041 8.

25,342 0
0,512 0
8,300 0
92,887 8 = x.
127,041 8

Dans le 1er exemple, on avait à soustraire l'un de l'autre deux nombres de dix millionièmes (**103**) : on a opéré comme si l'on avait eu à soustraire des nombres d'unités entières. Dans le 2e exemple, on avait à chercher le nombre de dix-millièmes qui, ajouté aux trois nombres de dix-millièmes donnés, produit le total de dix-millièmes proposé. Évidemment le procédé devait encore être le même que s'il s'était agi d'unités entières.

ARTICLE IV.

MULTIPLICATION DES NOMBRES DÉCIMAUX.

112. Procédé. — *Opérez comme si le multiplicande et le multiplicateur étaient des nombres entiers ; mais placez la virgule dans le produit, de manière qu'il contienne autant de chiffres décimaux qu'il y en a dans le multiplicande et le multiplicateur pris ensemble.*

113 Démonstration. — La démonstration du procédé comprend deux cas.

114. 1er Cas : *Le multiplicande est décimal et le multiplicateur est entier.* Ex. : 25,517 × 853. Dans cet exemple, j'ai à prendre 853 fois 25 517 millièmes (**102**). J'opérerai comme si j'avais à prendre 853 fois 25 517 unités entières. Seulement le produit, au lieu d'exprimer des unités entières, exprimera des millièmes, et devra, pour ce motif, contenir 3 chiffres décimaux.

```
      25,517
         853
  ----------
      76 551
   1 275 85
  20 413 6
  ----------
  21 766,001
```

115. 2e Cas : *Le multiplicande et le multiplicateur sont tous les deux des nombres décimaux.* Exemple : 25,517 × 8,53. Dans cet exemple, j'ai à former le produit avec 25,517 comme 8,53 est formé avec l'unité (**49**). Or, 8,53 (que je puis lire 853 centièmes) est formé en prenant 853 fois la centième partie de l'unité. Donc je dois prendre 853 fois la centième partie du multiplicande 25,517. Cette centième partie est 0,255 17 (**96**). J'ai donc à prendre 853 fois 0,255 17, opération qui se rapporte au premier cas examiné tout à l'heure. J'aurai cinq décimales au produit, c'est-à-dire autant qu'il y en a dans le multiplicande et dans le multiplicateur.

```
    25,517
     8,53
  --------
     76551
   12 7585
  204 136
  --------
  217,66001
```

Autre exemple :

```
       0,000 173
       0,000 004
  ---------------
 0,000 000 000 692
```

ARTICLE V.

DIVISION DES NOMBRES DÉCIMAUX.

116. Procédé. — *Supprimez la virgule dans le diviseur. — Déplacez-la dans le dividende d'autant de rangs vers la droite qu'il y avait de chiffres décimaux dans le diviseur. Opérez ensuite comme sur les nombres entiers. En abaissant tous les chiffres du dividende jusqu'à la place occupée par la virgule déplacée vous trouverez tous les chiffres entiers du quotient. Si vous voulez pousser la division plus loin, vous opèrerez comme nous allons le dire bientôt.*

Ex. : 81,302 567 : 0,028.

```
81 302,567 | 28
25 3       |------
   102     | 2 903
    18
```

Le quotient cherché x renferme 2 903 unités et il reste 18 unités, à la suite desquelles on peut abaisser 567 millièmes, de sorte que le reste total est 18,567.

117. Démonstration. — En remplaçant 0,028 par 28 unités, je rends le diviseur 1000 fois plus grand ; mais, en remplaçant 81,302 567, par 81 302,567, je rends le dividende aussi 1000 fois plus grand. Donc (**90**) le quotient reste le même que si je n'avais rien changé dans le dividende et le diviseur proposés.

118. Si l'on veut trouver les décimales du quotient, comment faut-il s'y prendre? Il faut poser une virgule au quotient après le 3, chiffre des unités, puis abaisser le chiffre 5 du dividende à la suite du reste 18 : on aura ainsi le dividende partiel 185 dixièmes, qui donnera 6, chiffre des dixième du quotient. En continuant le calcul, on abaissera successivement les chiffres 6 et 7 du dividende ; on aura ainsi les centièmes et les millièmes du quotient. S'il y a encore un reste, on peut écrire un zéro à la droite de ce reste, et continuer la division ; on aura de cette façon les dix-milliémes du quotient ; et ainsi de suite.

```
81302,567 | 28
253       |-----------
  102     | 2903,663107
   185
    176
      87
       30
        200
          4
```

119. Démonstration. — En effet **(65)**, on peut regarder la division de 81 302,567 par 28, comme une opération qui a pour but de partager 81 302 francs, 567 millièmes de franc également entre 28 personnes. Après avoir donné 2 903 francs à chaque personne, il reste encore 18 francs à partager. Je change ces 18 francs en dixièmes de francs. J'en ai 180, plus les 5 dixièmes écrits au dividende : en tout, 185 dixièmes de franc à partager entre 28 personnes. Cela fait 6 dixièmes par personnes. Je multiplie 6 dixièmes par 28 : cela fait 168 dixièmes, et il reste 17 dixièmes de franc. Je les change en 170 centièmes, j'y ajoute les 6 centièmes écrits au dividende : j'ai en tout 176 centièmes de franc a partager. Je donne 6 centièmes à chaque personne. L'opération se continue facilement ainsi tant qu'il y a des restes.

Remarque. — Ce raisonnement s'appliquerait tout aussi bien, si le dividende était un nombre entier. Seulement il n'y aurait pas, dans le dividende, de chiffres décimaux à abaisser. Il faudrait écrire un zéro à la droite de chaque reste. Ex. :

```
81302 | 28
253   | 2903,6428
  102
   180
    120
     80
     240
      16
```

120. Comme une fraction est le quotient de son numérateur par son dénominateur, il s'ensuit que, si l'on divise le numérateur de la fraction, par le dénominateur, et que l'on calcule le quotient en décimales, on réduira la fraction proposée en fraction décimale. En procédant ainsi sur la fraction $\frac{3}{7}$ on trouve $\frac{3}{7} = 0,428571428$.

```
30 | 7
20 | 0,428571428....
 60
  40
   50
    10
     30
      20
       60
```

121. Autres exemples de division de nombres décimaux :

1° 0,00000012 : 0,0003. On opère ainsi :

$$\begin{array}{r|l} 0,0012 & 3 \\ \hline & 0,0004 = \text{le quotient.} \end{array}$$

2° 5,001304 : 0,000000001. On opère ainsi :

5001304000 : 1 = 5001304000

CHAPITRE IV.

SYSTÈME MÉTRIQUE.

122. Le **système métrique** est : *une collection d'unités de mesures qui sont employées en France depuis la fin du dix-huitième siècle.*

123. L'unité qui sert de base à toutes les autres est l'unité de longueur. Elle s'appelle le **mètre** (du mot grec μέτρον, mesure), et donne son nom à tout le *système métrique*.

124. Il a été réglé que le *mètre* serait la dix-millionième partie de la distance du pôle boréal à l'équateur, mesurée sur le méridien de Paris. Malgré le soin apporté dans la mesure de cette distance, il paraît que le mètre, tel qu'il a été fixé, est un peu trop court. Au lieu d'être contenu 10 000 000 de fois seulement depuis le pôle jusqu'à l'équateur, il y serait contenu 10 002 120 fois. Il y aurait donc lieu d'allonger le mètre à peu près de 2 fois la dix-millième partie de sa longueur, c'est-à-dire de la cinquième partie d'un millimètre. On n'a pas fait jusqu'ici cette correction, qui aurait peu d'importance dans la pratique.

ARTICLE I.

DÉNOMINATION DES UNITÉS MÉTRIQUES.

125. Parmi les unités du système métrique, il y en a qui s'expriment par un seul mot ; ex. : *mètre*, *litre*.

gramme, centimètre, décalitre : je les appelle *unités à dénomination simple.* Il y en a d'autres qui s'expriment par deux mots ; ex. : *mètre carré, décimètre carré, millimètre cube.* Je les appelle *unités à dénomination composée.*

§ I.

UNITÉS MÉTRIQUES A DÉNOMINATION SIMPLES.

126. Il y a six unités principales à dénomination simple : le *mètre,* l'*are*, le *stère*, le *litre*, le *gramme*, le *franc*.

127. Le **mètre** est, comme on l'a dit ci-dessus, la dix-millionième partie de la distance entre le pôle boréal et l'équateur, mesurée sur le méridien de Paris.

128. L'**are** (du mot latin *arare*, labourer) est un carré de dix mètres de côté. Cette unité est ainsi appelée, parce qu'elle sert ordinairement à mesurer la surface des terres cultivées.

129. Le **stère** (du mot grec στερεός, solide) est un cube ayant un mètre de côté : c'est un corps, ou, comme on dit en géométrie, un *solide* présentant la forme d'un cube, c'est-à-dire d'un dé à jouer qui aurait six faces carrées d'un mètre de côté.

130. Le **litre** (de λίτρα, mesure employée chez les Grecs) est un cube ayant un côté égal à la dixième partie du mètre.

131. Le **gramme** est le poids d'eau distillée prise à 4 degrés de température que contiendrait un cube ayant pour côté la centième partie du mètre.

132. Le **franc** est la valeur d'une pièce de monnaie pesant cinq grammes, et formée d'un alliage d'argent et de cuivre alliés dans les proportions déterminées par la loi française. Le mot *franc* a été employé depuis bien des siècles en France pour désigner une monnaie dont la valeur se rapprochait de notre *franc* actuel.

133. A chaque unité principale, se rattachent des unités *dérivées*. Les unes, appelées *multiples*, valent dix fois, cent fois, mille fois, dix mille fois, l'unité principale. Les autres, appelées *sous-multiples*, sont la dixième, la centième, la millième partie de l'unité principale.

134. Les noms des *multiples* se forment en mettant devant le nom de l'unité principale les mots : **déca, hecto, kilo, myria.** Ces mots, dérivés du grec, désignent des unités multiples 10 fois, 100 fois, 1000 fois, 10000 fois aussi grandes que l'unité principale. Un *décamètre* vaut 10 mètres, un *hectomètre* vaut cent mètres, un *kilomètre* vaut mille mètres, un *myriamètre* vaut dix mille mètres. De même, un *hectolitre* vaut cent litres, un *hectare* vaut cent ares, un *kilogramme* vaut mille grammes, un *décastère* vaut dix stères, etc.

135. Les noms des *sous-multiples* se forment en plaçant devant le nom de l'unité principale les mots: **déci, centi, milli.** Ces mots, dérivés du latin, désignent des unités sous-multiples 10 fois, 100 fois, 1000 fois plus petites que l'unité principale. Exemples : Un *décimètre* est la dixième partie du mètre, un *centimètre* est la centième partie du mètre, un *millimètre* est la millième partie du mètre. De même un *centilitre* est la centième partie du litre, un *centiare* est la centième partie de l'are, un *milligramme* est la millième partie du gramme, un *décistère* est la dixième partie du stère.

136. Voici un tableau qui présente les six unités principales à dénomination simple, avec leurs multiples et leurs sous-multiples usités. On a laissé vides les places des unités dérivées qui ne sont pas en usage. On a indiqué sous chaque unité l'abréviation correspondante.

MULTIPLES.	**Myria**, 10,000 fois.	Myriamètre, Mm.					
	Kilo, 1,000 fois.	Kilomètre, Km.				Kilogramme, Kg.	
	Hecto, 100 fois.	Hectomètre, Hm.	Hectare, Ha.		Hectolitre, Hl.	Hectogramme, Hg.	
	Déca, 10 fois.	Décamètre, Dm.		Décastère, Dst.	Décalitre, Dl.	Décagramme, Dg.	
	Unités principales.	**Mètre**, m.	**Are**, a.	**Stère**, st.	**Litre**, l.	**Gramme**, g.	**Franc**, f.
SOUS-MULTIPLES.	**Déci**, c'est-à-dire Dixième.	Décimètre, dm.		Décistère, dst.	Décilitre, dl.	Décigramme, dg.	
	Centi, c'est-à-dire Centième.	Centimètre, cen.	Centiare, ca.		Centilitre, cl.	Centigramme, cg.	Centime, c.
	Milli, c'est-à-dire Millième.	Millimètre, mm.				Milligramme, mg.	

§ II.

UNITÉS MÉTRIQUES A DÉNOMINATION COMPOSÉE.

137. Il y a seulement deux unités principales à dénomination composée : le *mètre carré* et le *mètre cube*.

138. Le **mètre carré** est un carré dont le côté a un mètre, c'est-à-dire un carré qui a un mètre de long et un mètre de large.

139. Le **mètre cube** est un cube dont le côté a un mètre, c'est-à-dire un cube qui a un mètre de long, un mètre de large et un mètre de haut.

140. On voit donc qu'il y a trois espèces de mètres: le *mètre* proprement dit, le *mètre carré* et le *mètre cube*. Le mètre proprement dit s'appelle simplement *mètre*. On l'appelle encore *mètre linéaire*, quand on veut le distinguer du *mètre carré* et du *mètre cube*. Le *mètre linéaire* et ses dérivés, comme le décamètre, le décimètre, le centimètre, forment ce qu'on appelle les *unités métriques linéaires*. Pour abréger, je les appelle simplement *lignes métriques*.

141. Sur chacune des *lignes métriques*, on peut former un *carré* ou bien un *cube* qui ait cette ligne pour côté. On obtient ainsi des carrés et des cubes, dont le nom se forme en mettant le mot *carré* ou le mot *cube* après le nom de la ligne métrique qui est le côte du *carré* ou du *cube* dont il s'agit. Ainsi, un *décimètre carré* est un *carré* formé avec un côté d'un décimètre de longueur ; un *centimètre cube* est un *cube* dont le côté est d'un *centimètre*, et ainsi des autres. Voici trois tableaux qui peuvent servir à distinguer les trois espèces de mètres et les unités qui en dérivent.

LIGNES MÉTRIQUES.

142.

		Abréviations.	
Myriamètre linéaire		(Mm)	Unités de dix en dix fois plus petites.
Kilomètre	—	(Km)	
Hectomètre	—	(Hm)	
Décamètre	—	(Dm)	
Mètre	—	(m)	
Décimètre	—	(dm)	
Centimètre	—	(cm)	
Millimètre	—	(mm)	

CARRÉS MÉTRIQUES.

143.

				Abréviations.	
Un carré ayant pour côté un	myriamètre	s'appelle	myriamètre carré	(Mm^2)	Unités de cent en cent fois plus petites
	kilomètre	—	kilomètre carré	(Km^2)	
	hectomètre	—	hectomètre carré	(Hm^2)	
	décamètre	—	décamètre carré	(Dm^2)	
	mètre	—	mètre carré	(m^2)	
	décimètre	—	décimètre carré	(dm^2)	
	centimètre	—	centimètre carré	(cm^2)	
	millimètre	—	millimètre carré	(mm^2)	

CUBES MÉTRIQUES.

144.

				Abréviations.	
Un cube ayant pour côté un	myriamètre	s'appelle	myriamètre cube	(Mm^3)	Unités de mille en mille fois plus petites.
	kilomètre	—	kilomètre cube	(Km^3)	
	hectomètre	—	hectomètre cube	(Hm^3)	
	décamètre	—	décamètre cube	(Dm^3)	
	mètre	—	mètre cube	(m^3)	
	décimètre	—	décimètre cube	(dm^3)	
	centimètre	—	centimètre cube	(cm^3)	
	millimètre	—	millimètre cube	(mm^3)	

145. Les carrés métriques inscrits au deuxième tableau sont de cent en cent fois plus petits : pourquoi ?

C'est qu'un *carré* devient cent fois plus petit,

quand son côté devient dix fois plus petit. On le voit facilement sur la figure suivante.

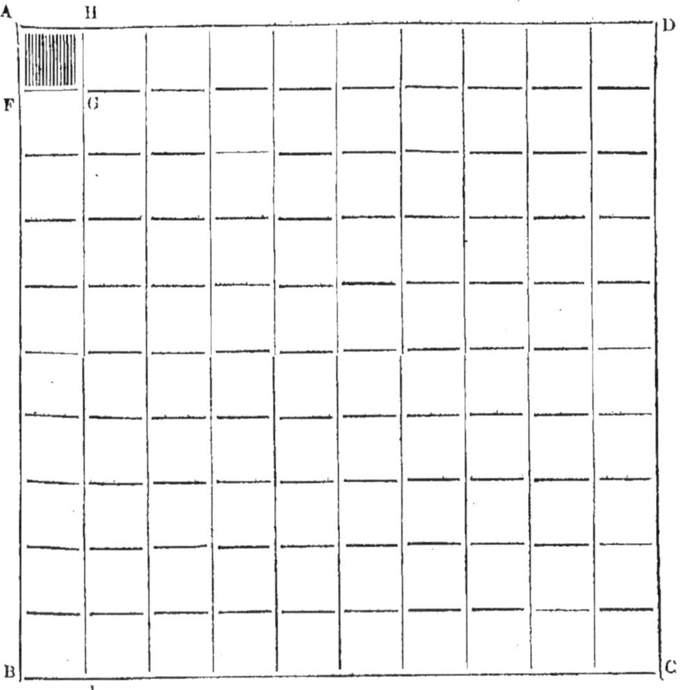

Le carré AFGH a pour côté AF, ligne dix fois plus petite que la ligne AB, côté du carré ABCD. Or ce carré AFGH n'est qu'un des petits carrés, tous égaux entre eux, qui couvrent le carré ABCD. Ces carrés sont évidemment au nombre de cent. Car il y en a dix compris entre la ligne AB et la ligne IH. Il y a neuf autres files, de dix carrés chacune, entre la ligne IH et la ligne DC. Donc le carré AFGH n'est que la centième partie du carré ABCD.

Si AB représente un mètre linéaire, AF représente un décimètre ; et la figure ABCD montre que le *décimètre carré* est la centième partie du *mètre carré*. En supposant que la ligne AB représente un décimètre, on reconnaît de même que le *centimètre carré* est la centième partie du *décimètre carré*; et ainsi de tous les carrés métriques. On voit que chaque carré est la centième partie du carré immédiatement supérieur.

146. Un raisonnement tout semblable montre que les cubes métriques sont de mille en mille fois plus petits.

Servons-nous encore de la figure ci-dessus; et, pour fixer les idées, supposons que la ligne AB représente un *décimètre* : AF représente par conséquent un *centimètre*. Sur chacun des cent *centimètres carrés* qui couvrent la figure, on peut placer un *centimètre cube*. On obtiendra ainsi une couche de cent *centimètres cubes*, qui n'aura qu'un *centimètre linéaire* d'épaisseur. Sur cette première couche, on peut en placer neuf autres égales à la première; et l'on aura ainsi le décimètre cube décomposé en mille centimetres cubes. On décomposerait de même le centimètre cube en mille millimètres cubes, le mètre cube en mille décimètres cubes, etc. Donc les cubes métriques sont de mille en mille fois plus petits.

ARTICLE II.

CALCUL DES UNITÉS MÉTRIQUES.

147. Le grand avantage du système métrique, c'est qu'il est *décimal*, c'est-à-dire que chacune des unités qui le composent se subdivise en *dixièmes*, en *centièmes*, en *millièmes*... Il en résulte que le calcul des unités métriques est absolument le même que celui des nombres décimaux, tel qu'il a été exposé dans le chapitre III.

148. S'il s'agit d'unités métriques à dénomination

simple, il n'y a rien à ajouter à ce qui est dit dans ce chapitre III. On peut s'en assurer en supposant que les unités entières, dont il est question dans les exemples proposés, sont des mètres, des ares, des stères, des litres, des grammes ou des francs.

Ainsi, supposons 27 m. 30572 (**97**). On pourra lire ce nombre ainsi :

1° Par *ordres :* 2 décamètres, 7 mètres, 3 décimètres, 5 millimètres, 7 dixièmes de millimètre, 2 centièmes de millimètre.

2° Par *classes :* 27 mètres, 305 millimètres, 720 millièmes de millimètre.

3° *En bloc :* 27 mètres, 30572 cent-millièmes de mètre, ou 2 730 572 cent-millièmes de mètre.

149. On pourrait aussi regarder un multiple ou un sous-multiple du *mètre* comme unité principale (**104**). Ainsi, 27 m. 30572 est identique à 2 décamètres, 730572; à 273 décimètres, 0572; à 2730 centimètres, 572; à 27305 millimètres, 72; etc.

Ce serait la même chose, si le nombre 27,30572 exprimait des *litres* ou des *grammes*, dont presque tous les dérivés sont usités.

Quant aux *ares*, aux *stères* et aux *francs*, on a soin de n'énoncer que les multiples et les sous-multiples usités.

Ainsi, 27 ares, 30572 se lirait 27 ares, 30 centiares, 572 milliémes de centiare; 4373 ares, 64 se lirait 43 hectares, 73 ares, 64 centiares; 27 francs, 30572 se lirait 27 francs, 30 centimes, 572 millièmes de centime.

150. S'il s'agit d'unités métriques à dénomination composée, c'est-à-dire de carrés ou de cubes métriques, on se rappellera que chaque carré métrique est un centième du carré immédiatement supérieur, et que chaque cube métrique est un millième du cube qui le précède.

Ainsi 27 mètres carrés, 30572 se lira 27 mètres carrés, 30 décimètres carrés, 57 centimètres carrés, 20 millimètres carrés.

27 mètres cubes, 30572 se lira 27 mètres cubes, 305 décimètres cubes, 720 centimètres cubes.

151. Qu'on relise maintenant tout le chapitre III, en donnant aux nombres qui s'y trouvent une signification métrique quelconque, et l'on connaîtra suffisamment le calcul de toutes les unités métriques.

ARTICLE III.

EMPLOI DES UNITÉS MÉTRIQUES.

152. Les unités métriques servent à mesurer cinq espèces de quantités : 1° des lignes; 2° des surfaces; 3° des volumes; 4° des poids; 5° des valeurs monétaires.

§ I.

LIGNES.

153. Les lignes se mesurent avec le *mètre linéaire* et ses dérivés. On évalue ordinairement les distances géographiques en **kilomètres** ou en **myriamètres**; les longueurs excessivement petites, en *dixièmes*, *centièmes* et *millièmes* de **millimètre**; et les longueurs qu'on rencontre le plus fréquemment en **mètres, décimètres, centimètres** et **millimètres.** On néglige les subdivisions trop petites pour qu'on puisse se flatter de les connaître exactement. Même avec de très-grandes précautions, on n'arrive presque jamais à mesurer une longueur de manière à ne pas se tromper de la cent-millième partie au moins de la quantité qu'on mesure. Ainsi, sur 100 mètres, il est bien difficile de ne pas se tromper au moins d'un millimètre. Dans l'arpentage, on tolère les erreurs qui ne dépassent point la centième partie des lignes mesurées.

§ II.

SURFACES.

154. On emploie ordinairement dans la mesure des surfaces :

1° Le **kilomètre carré,** s'il s'agit d'une étendue considérable, comme celle d'un département, d'une province, d'un état : c'est l'unité que les géographes préfèrent.

2° **L'are et ses dérivés,** s'il s'agit de mesurer des terres ou des propriétés d'une certaine étendue.

3° Le **mètre carré,** s'il s'agit d'étendues moins considérables, comme un terrain à bâtir, la surface d'un mur, etc.

§ III.

VOLUMES.

155. Les unités usitées pour les volumes sont :

1° Le **stère,** pour le bois de chauffage.

2° Le **litre,** pour les liquides, les grains, les graines, les fruits, les légumes secs, le charbon, les cendres et autres choses semblables.

3° Le **mètre cube,** dans tous les autres cas.

§ IV.

POIDS.

156. Les unités de poids ordinairement employées sont :

1° Le **gramme,** pour les choses légères, comme les produits pharmaceutiques, les lettres, etc.

2° Le **kilogramme,** pour les objets qu'on a le plus communément à peser, comme le pain, la viande, etc. Par abbréviation, on dit souvent *kilo,* au lieu de *kilogramme.*

Remarque. — Quand il s'agit de poids très-considérables, comme la charge d'un navire ou d'un wagon, on emploie le mot *tonne* ou *tonneau* pour exprimer 1000 kilogrammes. On emploie aussi, mais plus rarement, le mot *quintal métrique*, au lieu de 100 kilogrammes.

§ V.

MONNAIES.

157. En fait de monnaies, les seules unités en usage, sont le **franc** et le **centime.**

ARTICLE IV.

INSTRUMENTS MÉTRIQUES.

158. J'appelle *instruments métriques* les objets dont on se sert pour *mesurer*, pour *peser* et pour *payer*, en suivant le système métrique : c'est ce que plusieurs auteur appellent *mesures métriques réelles.*

Avant de faire connaître en détail les instruments métriques, il est bon de faire remarquer :

159. 1° Qu'il n'existe pas d'instruments métriques pour les unités à *dénomination composée*;

160. 2° Que, pour chaque espèce d'unités métriques à *dénomination simple*, il suffit de pouvoir *mesurer*, *peser* ou *payer* depuis 1 jusqu'à 9 dans chaque ordre d'unités. En effet, 10 unités d'un certain ordre font 1 unité de l'ordre immédiatement supérieur.

Or, pour former tous les nombres depuis 1 jusqu'à 9, il suffit d'avoir *quatre* instruments métriques, savoir : un instrument qui donne 1, deux instruments qui donnent chacun 2, et un instrument qui donne 5. Ainsi, pour former tous les poids depuis 1 gramme jusqu'à 9 grammes, il suffit d'avoir 1 poids d'un gramme, 2 poids de 2 grammes chacun, et 1 poids de 5 grammes. En effet on a :

1 gramme }
2 grammes } par un seul poids.
5 grammes }

3 grammes, en prenant 1 gramme et 2 grammes.
4 grammes — les 2 poids de 2 grammes.
6 grammes — 5 grammes et 1 gramme.
7 grammes — 5 grammes et 2 grammes.
8 grammes — 5 grammes, 2 grammes et 1 gramme.
9 grammes — 5 grammes et les 2 poids de 2 grammes.

On peut de même former tous les nombres de francs depuis 1 jusqu'à 9, au moyen de 4 pièces, savoir : 1 pièce d'un franc, 2 pièces de 2 francs chacune, et 1 pièce de 5 francs. De là ce principe général :

Les instruments métriques représentent 1 fois, 2 fois ou 5 fois chaque ordre d'unités.

L'instrument qui représente 5 fois l'unité d'un certain ordre représente par là même la *moitié* de l'unité immédiatement supérieure : ainsi le poids de 5 grammes est la moitié du décagramme.

INSTRUMENTS MÉTRIQUES USITÉS.

161. Longueurs. — On trouve dans le commerce des règles d'un mètre et de 2 mètres, de 1 décimètre et de 2 décimètres, des mètres pliants en cuivre, en bois, en baleine, etc., des décamètres et des doubles décamètres. La *chaîne d'arpenteur* représente ordinairement le décamètre, et chacun des chaînons est de 2 décimètres.

162. Surfaces. — Il n'y a pas d'instruments métriques spéciaux pour les surfaces : on les mesure avec les instruments usités pour les longueurs. La Géometrie apprend, en effet, à calculer la surface d'une figure quelconque, en mesurant les lignes convenables.

163. Volumes. — On emploie pour le bois de chauffage une espèce de cadre en bois, composé d'une pièce horizontale appelée *sole*, sur laquelle s'élèvent verticalement deux *montants*, espacés d'un mètre. On tasse le bois sur la sole entre les montants, jusqu'à 1 mètre de hauteur, si les bûches ont 1 mètre de long ; si elles ont plus ou moins d'un mètre, on diminue ou l'on augmente la hauteur proportionnellement.

164. Pour les choses qu'on mesure au *litre*, on emploie des instruments de forme cylindrique. La largeur de la base est égale à la hauteur dans les instruments destinés aux substances sèches, comme les grains, les graines, etc. La largeur de la base est la moitié de la hauteur dans les instruments destinés aux liquides.

On trouve dans le commerce :

Des litres,
doubles litres,
demi-décalitres,
décalitres,
doubles décalitres,
demi-hectolitres,
hectolitres.

Au-dessous du litre, on emploie :

le demi-litre,
double décilitre,
décilitre,
demi-décilitre,
double centilitre,
centilitre.

165. Poids. — On emploie, pour peser, des morceaux de fonte ou de cuivre présentant différentes formes déterminées par la loi, et portant, en dessus, la dénomination du poids qu'ils représentent et, en dessous, le poinçon du vérificateur.

En vertu du principe énoncé ci-dessus (**160**), ces

instruments représentent 1 fois, 2 fois ou 5 fois le gramme, ou bien chacun de ses dérivés.

Voici la série complète des poids autorisés par la loi.

Dizaines de kilogrammes.	Kilogrammes.	Hectogrammes.	Décagrammes.	Grammes.	Décigrammes.	Centigrammes.	Milligrammes.
50 Kg.	5 Kg.	5 Hg.	5 Dg.	5 g.	5 dg.	5 cg.	5 mg.
20 Kg.	2 Kg.	2 Hg.	2 Dg.	2 g.	2 dg.	2 cg.	2 mg.
10 Kg.	1 Kg.	1 Hg.	1 Dg.	1 g.	1 dg.	1 cg.	1 mg.

Les poids en fonte de fer vont de 50 kilog. à 5 décagrammes. Les poids en cuivre vont de 20 kilog. à 1 milligramme.

166. Monnaies. — Les monnaies sont de bronze, d'argent ou d'or.

167. *Monnaies de Bronze.* — Le bronze monétaire contient, sur 100 parties, 95 de cuivre, 4 d'étain et 1 de zinc. Il y a quatre pièces de monnaie en bronze, les pièces de 10 centimes, de 5 centimes, de 2 centimes et de 1 centime. Chacune de ces pièces pèse autant de grammes qu'elle vaut de centimes.

168. *Monnaies d'argent.* — Les pièces d'argent valent 5 francs, 2 francs, 1 franc, 50 centimes et 20 centimes. Les pièces de 5 francs renferment, sur 1000 parties, 900 d'argent pur et 100 de cuivre, c'est-à-dire qu'un gramme d'alliage renferme 900 millièmes de gramme d'argent pur. Pour les pièces de 2 francs, d'un franc, 50 centimes et de 20 centimes, il n'y a que 835 milligrammes d'argent dans un gramme d'alliage. Ces fractions décimales 900 millièmes et 835 millièmes sont ce qu'on appelle le titre de ces pièces. Ainsi, les pièces de 5 francs sont au titre de 900 millièmes; les pièces de 2 francs, d'un franc, 50 centimes et de 20 centimes sont au titre de 835 millièmes.

Le poids des pièces d'argent est de 5 grammes par franc.

169. *Monnaies d'or*. — Les pièces d'or valent 100 francs, 50 francs, 20 francs, 10 francs et 5 francs. On trouve encore des pièces de 40 francs; mais, comme elles ne sont pas conformes au principe (**160**), on n'en fabrique plus depuis 1854. Les monnaies d'or renferment, sur 1000 parties, 900 d'or et 100 de cuivre : elles sont donc au titre de 900 millièmes.

170. A poids égal, la monnaie d'or vaut 15 fois et demie autant que la monnaie d'argent; ainsi cent grammes de monnaie d'argent valent 20 francs, et cent grammes de monnaie d'or vaudraient 15 fois et demie autant, c'est-à-dire 310 francs.

171 Tableau des pièces de monnaie françaises.

	Valeur des pièces	Diamètre des pièces	Poids légal des pièces
5 en or	100 francs	35 millimètres	32 gr. 258
	50 —	28 —	16 gr. 129
	20 —	21 —	6 gr. 4516
	10 —	19 —	3 gr. 2258
	5 —	17 —	1 gr. 6129
5 en argent	5 francs	37 millimètres	25 gr.
	2 —	27 —	10 gr.
	1 —	23 —	5 gr.
	50 cent.	18 —	2 gr. 50
	20 —	15 —	1 gr.
4 en bronze	10 cent.	30 —	10 gr.
	5 —	25 —	5 gr.
	2 —	20 —	2 gr.
	1 —	15 —	1 gr.

172. Le poids inscrit au tableau précédent pour chaque pièce, est ce qu'on appelle le poids légal. Le poids réel peut être inférieur ou supérieur, parce que la loi accorde à ceux qui fabriquent ces pièces une *tolérance* de poids qui varie, pour chaque espèce de pièce, conformément au tableau suivant.

Dans ce tableau, le double signe ±, qu'on lit *plus ou moins*, signifie que le poids legal peut être augmenté ou diminué de la fraction qui suit le signe ±

Valeur des pièces.	Poids légal.	Tolérance en millièmes du poids de la pièce.	Tolérance en grammes.
Or.			
100 francs.	32 gr. 258	± 0,001	± 0 gr. 03226
50 —	16 gr. 129	± 0,002	± 0 gr. 03226
20 —	6 gr. 4516	± 0,002	± 0 gr. 01290
10 —	3 gr. 2258	± 0,0025	± 0 gr. 00806
5 —	1 gr. 6129	± 0,003	± 0 gr. 00484
Argent.			
5 francs.	25 gr.	± 0,003	± 0 gr. 075
2 —	10 gr.	± 0,005	± 0 gr. 05
1 —	5 gr.	± 0,005	± 0 gr. 025
50 centimes.	2 gr. 50	± 0,007	± 0 gr. 0175
20 —	1 gr.	± 0,010	± 0 gr. 01
Bronze.			
10 centimes.	10 gr.	± 0,01	± 0 gr. 1
5 —	5 gr.	± 0,01	± 0 gr. 05
2 —	2 gr.	± 0,015	± 0 gr. 03
1 —	1 gr.	± 0,015	± 0 gr. 015

173. Remarque. — Si l'on veut comparer entre elles, sous le rapport du poids, les monnaies de bronze, d'argent et d'or, on trouve que 1 gramme de bronze vaut 1 centime, que 1 gramme d'argent monnayé vaut la cinquième partie d'un franc, c'est-à-dire 20 centimes, et que 1 gramme d'or monnayé vaut 15 fois et demie autant, c'est-à-dire 3 fr. 10. Donc chaque pièce d'or pèsera autant de grammes que la valeur de cette pièce renfermera de fois 3 fr. 10. Ainsi, pour avoir le poids de la pièce de 20 francs, il suffit de diviser 20 francs par 3 fr. 10 centimes.

```
20,0   | 3,1
 140   | 6 g.,4516
  160
   50
   190
     4
```

Le calcul serait le même pour toutes les autres pièces d'or et pour une somme quelconque en or.

CHAPITRE V.

QUESTIONS DIVERSES QUI PEUVENT SE RÉSOUDRE A L'AIDE DES NOTIONS PRÉCÉDENTES.

174. Ces questions comprennent : 1° la *règle de trois*; 2° la *règle d'intérêt*; 3° la *règle de répartition* ; 4° la *règle des moyennes*.

ARTICLE I.

RÈGLE DE TROIS.

Elle est *simple* ou *composée*.

§ I.

RÈGLE DE TROIS SIMPLE.

175. La règle de **trois simple** est un procédé à l'aide duquel on calcule, en certains cas, un *nombre inconnu* à l'aide de *trois* nombres connus.

Cette règle suppose donc 4 quantités qui doivent satisfaire à deux conditions :

176. 1° Deux de ces quantités doivent être d'une certaine espèce, et les deux autres d'une autre espèce que les premières. Les deux espèces de quantités forment donc deux groupes, composés chacun de deux nombres. Dans l'un de ces groupes, les deux quantités sont connues : on les appelle les *principales*. Dans l'autre groupe, les quantités sont l'une connue et l'autre inconnue : on les appelle les *relatives*.

177. 2° Il doit y avoir entre les deux groupes ou espèces de quantités une liaison telle que, si un nombre d'une espèce est doublé, triplé, quadruplé, etc., le nombre correspondant de l'autre espèce devient, pour cette raison, deux fois, trois fois, quatre fois, etc., plus grand ou plus petit.

178. Premier problème. — 7 Ouvriers ont exécuté 35 mètres d'ouvrage ; combien 21 ouvriers, travaillant comme les premiers, feront-ils de mètres d'ouvrage dans le même temps ?

Remarque. — Dans l'énoncé de ce problème, il y a deux parties : le *fait* et la *question*. 7 Ouvriers ont exécuté 35 mètres d'ouvrage, voilà le *fait* ; combien 21 ouvriers en feront-ils dans le même temps, c'est la *question*. Il en est de même dans toutes les règles de trois.

Les trois nombres connus sont : 7 ouvriers, 21 ouvriers et 35 mètres d'ouvrage ; le nombre inconnu, qu'on désigne par x, est le nombre de mètres que feront les 21 ouvriers. On voit que les deux conditions ci-dessus sont remplies. Car 1° il y a deux nombres d'ouvriers et deux nombres de mètres ; 2° on voit que, lorsqu'il y a deux fois, trois fois plus d'ouvriers, il doit y avoir deux fois, trois fois plus de mètres d'ouvrage.

La règle se pose ainsi :

Fait : 7 ouvriers ont exécuté 35 mètres.
Question : 21 ouvriers exécuteront x mètres ?

On raisonne ainsi : 7 ouvriers ayant fait 35 mètres, un ouvrier en ferait, dans le même temps, 7 fois moins, ou $\frac{35}{7}$: donc 21 ouvriers feront 21 fois $\frac{35}{7}$ de mètre. On est conduit, par ce raisonnement, à diviser d'abord 35 par 7, et à multiplier ensuite par 21 le quotient $\frac{35}{7}$; ou, ce qui revient au même (**91**), on est conduit à multiplier 35 par 21 et à diviser ensuite par 7 le produit ainsi obtenu.

$$\text{Donc } x = \frac{35}{7} \times 21 = 5 \times 21 = 105;$$
$$\text{ou } x = \frac{35 \times 21}{7} = \frac{735}{7} = 105.$$

179. Ainsi, le procédé se réduit à une multiplication et à une division successives. On peut les faire dans l'ordre qu'on veut; mais il est ordinairement préférable de commencer par la multiplication, parce que, si l'on commençait par la division, on aurait presque toujours un reste, qui pourrait rendre assez compliquée la multiplication suivante. Dans l'exemple ci-dessus, 35 était exactement divisible par 7; aussi on pouvait indifféremment commencer par la division ou bien par la multiplication.

180. Deuxième problème. — 12 ouvriers ont fait un travail en 25 jours; combien 15 ouvriers mettront-ils de jours à faire le même travail ?

Fait : 12 ouvriers ont travaillé 25 jours.

Question : 15 ouvriers travailleront x jours?

La première condition exigée pour la règle de trois est remplie; car il y a deux nombres d'ouvriers et deux nombres de jours. La seconde l'est aussi : car, si l'un des nombres d'ouvriers était double de l'autre, l'un des nombres de jours serait double aussi de l'autre.

Cela posé, je raisonne ainsi : 12 ouvriers ayant travaillé pendant 25 jours pour faire l'ouvrage dont il est question, 1 ouvrier aurait dû travailler, pour faire le même ouvrage, 12 fois plus longtemps, c'est-à-dire 25 × 12 ; 15 ouvriers mettront 15 fois moins de jours qu'un seul ouvrier, c'est-à-dire $\frac{25 \times 12}{15}$.

$$\text{Donc } x = \frac{25 \times 12}{15} = 20 \text{ jours.}$$

On voit donc que le procédé se réduit encore ici à une multiplication et à une division successives.

181. En comparant les deux problèmes ci-dessus, on reconnaît que, dans le premier, plus il y a d'ouvriers employés, plus ils font de mètres d'ouvrage ; ou, en d'autres termes, qu'au plus grand nombre d'ouvriers correspond le plus grand nombre de mètres. C'est ce qu'on exprime en disant que les deux espèces de quantités sont en *raison directe* (**88**) l'une de l'autre. Dans ce cas, la règle de trois est appelée **règle de trois directe.** — Dans le second exemple, au contraire, on voit que, plus il y a d'ouvriers, moins il faut de jours. Les deux espèces de quantités sont donc en *raison inverse* (**89**) l'une de l'autre, et la règle est dite **règle de trois inverse.**

182. Le raisonnement qui nous a servi à résoudre ces deux problèmes s'appelle la **méthode de l'unité**. En effet, nous avons cherché ce qui arriverait si, au lieu de plusieurs ouvriers, il n'y en avait qu'*un* seul.

183. On reconnaît facilement que des raisonnements semblables pourraient s'appliquer à toutes les questions de la même nature et conduiraient à employer des procédés identiques.

184. Or, dans les deux problèmes ci-dessus, on a posé : $x =$ la quantité de même espèce que lui, multipliée et divisée successivement par les deux nombres de l'autre espèce ; ou, ce qui revient au même, $x =$ la *relative* connue, multipliée et divisée successivement par les deux *principales*. Dans la règle de trois *directe*, on a multiplié par la principale de la *question* ; dans la règle de trois *inverse*, on a multiplié par la principale du *fait*. De là ce procédé général :

1° *Posez le problème en mettant le* **fait** *dans la première ligne, et la* **question** *dans la deuxième ; placez les nombres de même espèce l'un au-dessous de l'autre.*

2° *Examinez si le problème peut se résoudre par une règle de trois, et si la règle est directe ou inverse.*

3° *Ecrivez* x = *la relative connue multipliée et divisée successivement par les deux principales. — Si la règle est directe, prenez pour multiplicateur la principale à laquelle* x *se rapporte* (*elle est écrite* directement *à côté de* x, *à la ligne de la* question). *Si la règle est* inverse, *suivez un ordre inverse, c'est-à-dire prenez pour multiplicateur la principale à laquelle* x *ne se rapporte pas, c'est-à-dire la principale du* fait.

4° *Le multiplicateur une fois choisi, prenez pour diviseur la principale qui reste.*

5° *Faites les opérations indiquées.*

185. En posant une règle de trois, il semble quelquefois qu'on a trop ou trop peu de nombres connus, ou, en d'autres termes, qu'il y a trop ou trop peu de *données*. Un peu d'attention suffit pour résoudre cette difficulté.

Soient, pour exemples, les deux problèmes suivants.

186. 1er problème. — Un navire a des vivres pour 20 jours; le capitaine prévoit qu'il sera obligé de tenir la mer pendant 27 jours : à combien doit-il réduire la ration journalière ?

Il semble ici qu'il n'y a que deux nombres donnés, 20 et 27 ; mais il convient de représenter par 1 ce que serait la ration si le vaisseau ne devait naviguer que durant 20 jours, et alors x représentera une fraction de cette unité. On posera donc le problème comme il suit :

Fait : pour 20 jours, 1 ration.

Question : pour 27 jours, x ?

Plus il y a de jours de navigation, moins est grande la ration. Donc

$$x = \frac{1 \times 20}{27} = \frac{20}{27} = 0,74,$$

c'est-à-dire que la ration sera réduite au 74 centièmes de ce qu'elle devait être.

187. 2e problème. — Pour boulanger 312 sacs de farine, 20 ouvriers ont employé 23 jours; combien aurait-il fallu d'ouvriers pour les boulanger en 14 jours?

Ici l'on connaît 4 nombres, c'est-à-dire un de plus qu'il n'en faut; mais on voit aisément que le nombre 312 est inutile, puisqu'il s'agit de boulanger 312 sacs, dans 14 jours, comme dans 23 jours. On peut donc négliger ce nombre et modifier ainsi l'énoncé :

20 ouvriers ont boulangé une certaine quantité de farine en 23 jours; combien faudra-t-il d'ouvriers pour boulanger cette même quantité en 14 jours?

En général, *on néglige les données qui sont les mêmes pour le fait et pour la question.*

Solution du problème.

Fait : 20 ouvriers 23 jours.

Question : x —— 14 ——?

Moins il y a de jours, plus il faut d'ouvriers. La règle est inverse. Donc

$$x = \frac{20 \times 23}{14} = 32,87$$

La solution doit s'interpréter en ce sens qu'il faudra 32 ouvriers travaillant comme les 20 premiers, et un 33e ouvrier qui ne ferait chaque jour que les 87 centièmes de l'ouvrage fait par chacun des autres.

§ I.

RÈGLE DE TROIS COMPOSÉE.

188. Elle est ainsi appelée, parce qu'on peut la regarder comme *composée* de plusieurs règles de trois simples.

189. En voici un exemple : 30 ouvriers ont fait 132 mètres d'ouvrage en 18 jours; combien 54 ouvriers en feront-ils en 28 jours?

Je pose le problème :

Fait : 30 ouvriers 132 mètres 18 jours.
Question : 54 — x — 28 —?

S'il y avait 18 jours dans la question comme dans le fait, je pourrais négliger les jours (**187**), et énoncer le problème ainsi : 30 ouvriers ont fait 132 mètres d'ouvrage; combien 54 ouvriers en feront-ils dans les mêmes circonstances? Ce serait une règle de trois simple et directe. La valeur de l'inconnu serait : $\frac{132 \times 54}{30}$.

En supposant que 54 hommes travaillent pendant 18 jours, ils feront un nombre de mètres égal à $\frac{132 \times 54}{30}$; s'ils travaillent pendant 28 jours, combien en feront-ils? C'est une deuxième règle de trois simple et directe qui se pose ainsi (**178**) :

Fait : $\frac{132 \times 54}{30}$ mètres seraient fait en 18 jours.
Question : x — seront faits en 28 —?

On en tire $x = \frac{132 \times 54}{30}$ multiplié par 28 et divisé par 18.

La quantité $\frac{132 \times 54}{30}$ est le quotient de 132×54 divisé par 30. Ce quotient doit d'abord être multiplié par 28, c'est-à-dire rendu 28 fois plus grand ; or, il suffit pour cela (**38**) de multiplier par 28 le dividende 132×54, lequel devient ainsi $132 \times 54 \times 28$. De même, on divisera par 18 le quotient $\frac{132 \times 54 \times 28}{30}$ en multipliant le diviseur 30 par 18 (**89**), et l'on aura

$$x = \frac{132 \times 54 \times 28}{30 \times 18} = 369 \text{ m. } 6.$$

190. Dans cet exemple, le nombre 132 mètres (relative connue) a été multiplié et divisé successivement par les deux nombres d'hommes, puis multiplié et divisé successivement par les deux nombres de jours. Chacun des groupes de principales a ainsi donné lieu à une multiplication et à une division successives. On a choisi les multiplicateurs d'après la règle indiquée ci-dessus (**184**), et on les a écrits les uns à la suite des autres au-dessus de la barre. On a placé les diviseurs de la même manière, mais au-dessous de la barre.

Le même raisonnement s'appliquerait aux cas les plus compliqués. Soit, par exemple, le problème suivant :

191. 42 maçons, travaillant 11 heures par jour, ont fait, en 8 jours, un mur de 257 mètres de long, sur 2 m. 23 de haut, 0 m. 65 d'épaisseur; on demande combien il faudrait de jours à 53 maçons pour faire un mur semblable de 317 mètres de long, sur 1 m. 85 de haut et 0 m. 52 d'épaisseur.

Le problème se pose ainsi :

Fait : 42 maç. 11 h. 8 j. 257 m. long. 2 m. 23 h. 0 m. 65 ép.
Quest. : 53......10 .. x .. 317.........1 m. 85 .. 0 m. 52 ..?
inv. inv. dir. dir. dir.

Le nombre de jours nécessaires pour faire le travail est en *raison inverse* du nombre des maçons et des heures de travail; en *raison directe* de la longueur, de la hauteur et de l'épaisseur. Donc nous écrirons :

$$x = \frac{8 \times 42 \times 11 \times 317 \times 1,85 \times 0,52}{53 \times 10 \times 257 \times 2,23 \times 0,65}$$

Je forme d'abord le dividende

$$8 \times 42 \times 11 \times 317 \times 1,85 \times 0,52;$$

puis le diviseur

$$53 \times 10 \times 257 \times 2,23 \times 0,65$$

et je fais ensuite la division.

$$\begin{array}{r} 42 \\ \times 8 \\ \hline 336 \\ \times 11 \\ \hline 336 \\ 3\ 36 \\ \hline 3\ 696 \end{array}$$

$$
\begin{array}{r}
3\ 696 \\
\times\ 317 \\
\hline
25\ 872 \\
36\ 96 \\
1\ 108\ 8 \\
\hline
1\ 171\ 632 \\
\times\ 1{,}85 \\
\hline
58\ 581\ 60 \\
937\ 305\ 6 \\
1\ 171\ 632 \\
\hline
2\ 167\ 519{,}2 \\
\times\ 0{,}52 \\
\hline
43\ 350\ 384 \\
1\ 083\ 759\ 60 \\
\hline
1\ 127\ 109{,}984
\end{array}
= \text{le dividende.}
$$

$$
\begin{array}{r}
53 \times 10 = 530 \\
\times\ 257 \\
\hline
3\ 71 \\
26\ 5 \\
106 \\
\hline
136\ 210 \\
\times\ 2{,}23 \\
\hline
4\ 086\ 3 \\
27\ 242 \\
272\ 42 \\
\hline
303\ 748{,}3 \\
\times\ 0{,}65 \\
\hline
15\ 187\ 415 \\
182\ 248\ 98 \\
\hline
197\ 436{,}395
\end{array}
= \text{le diviseur.}
$$

$$
\begin{array}{r|l}
1\ 127\ 109\ 984 & 197\ 436\ 395 \\
\cline{2-2}
139\ 928\ 0090 & 5 \text{ jours } 70 = \text{le quotient.} \\
1\ 722\ 53250 &
\end{array}
$$

x = 7 jours, plus 70 centièmes de jour.

ARTICLE II.

RÈGLE D'INTÉRÊT.

192. *L'intérêt* d'une somme d'argent est ce que l'emprunteur paie pour avoir à sa disposition, pendant un certain temps, la somme qui lui est prêtée. Cette somme s'appelle *capital*.

193. L'intérêt se compte ordinairement à raison de 5 francs pour 100 francs prêtés pendant un an : c'est ce qu'on appelle le *cinq pour cent* (on l'écrit en abrégé : 5 p. °/₀). L'intérêt peut aussi être de 3 p. °/₀, de 4 p. °/₀, de 6 p. °/₀, etc. Au lieu d'être stipulé pour un an, il pourrait l'être pour 6 mois, 3 mois, etc.

194. La loi française ne permet pas de prendre, pour chaque année, plus de 6 p. 0/0 dans les prêts de commerce, et plus de 5 p. 0/0 dans les autres prêts. On nomme *taux* de l'intérêt ce qu'on paie chaque année pour 100 francs : ainsi le taux de l'intérêt est de 3, de 4, de 5, etc. p. 0/0.

195. On distingue l'*intérêt simple* et l'*intérêt composé*. L'*intérêt simple* est en raison directe du temps, lors même que les intérêts ne sont pas payés chaque année ; ainsi, à 5 p. 0/0, l'intérêt de 100 francs est de 5 francs pour un an, de 10 francs pour deux ans, de 15 francs pour trois ans, etc. — Dans l'*intérêt composé*, les intérêts échus et non payés s'ajoutent au capital et portent eux-mêmes intérêt. Ainsi, le prêteur exige non-seulement l'intérêt du capital, mais encore l'intérêt des intérêts non payés.

§ I.

INTÉRÊT SIMPLE.

196. On peut résoudre facilement toutes les questions d'intérêt simple, par la *méthode de l'unité*, en cherchant d'abord quel est l'intérêt d'un franc pendant un an : c'est évidemment la centième partie de l'intérêt de 100 francs; ainsi, à 5 p. 0/0, l'intérêt d'un franc est de 0 fr. 05; à 6 p. 0/0, il est de 0 fr. 06, etc. Si l'on veut avoir l'intérêt d'un franc pendant 2 ans, 3 ans, 4 ans, etc., il suffit de multiplier par 2, 3, 4, etc., l'intérêt d'un franc pendant une année. Connaissant ainsi l'intérêt d'un franc, on le multipliera par le nombre de francs que renferme le capital, et l'on aura l'intérêt total du capital prêté.

1er *problème.* — 628 fr. 43 ont été placés à 5 p. 0/0 pendant 3 ans; quel intérêt cette somme rapportera-t-elle?

A 5 p. 0/0, 1 franc rapporte chaque année 0 fr. 05; ce qui fait pour 3 ans 0 fr. 05 $\times$ 3 ou 0 fr. 15. Chaque franc ayant rapporté 0 fr. 15 d'intérêt, 628 fr. 43 auront dû rapporter 0 fr. 15 $\times$ 628 fr. 43 $=$ 94 fr. 26.

Si le temps pendant lequel le capital est placé contient une fraction d'année, on procède comme il suit :

197. 2e *problème.* — 832 francs ont été placés à 4 p. 0/0 pendant 7 mois; quel intérêt ce capital a-t-il produit?

Pour résoudre ce problème, je considère que 832 francs, placés pendant 7 mois, rapporteront évidemment 12 fois moins d'intérêt que s'ils étaient placés pendant 7 ans. Au bout de 7 ans, l'intérêt de 832 francs, à 4 p. 0/0, est de 0 fr. 04 $\times$ 7 $\times$ 832. Je n'ai qu'à diviser ce produit par 12 et j'obtiendrai l'intérêt cherché, qui est :

$$\frac{0,04 \times 7 \times 832}{12} = 19 \text{ fr. } 41.$$

198. 3e *problème.* — 832 francs sont placés à intérêt pendant 73 jours ; quel intérêt produiront-ils à 4 p. 0/0?

L'intérêt sera 365 fois moins grand que si le capital était placé pendant 73 années ; donc il est :

$$\frac{0,04 \times 73 \times 832}{365} = 6 \text{ fr. } 65.$$

199. Pour faciliter les calculs d'intérêt, on regarde souvent l'année comme étant de 12 mois de 30 jours chacun, ce qui ferait 360 jours pour l'année entière. Si l'on adoptait cette convention dans le calcul précédent, on diviserait par 360 au lieu de diviser par 365.

200. En résumé, le procédé suivi dans le 2e et le 3e problèmes qui précèdent peut s'énoncer ainsi : 1° ***Multiplier** l'intérêt d'un franc pendant un an, d'abord par le nombre de mois ou de jours, ensuite par le capital prêté*; 2° *Diviser par* 12, *si l'on a multiplié par un nombre de mois ; diviser par* 365 *ou* 360, *si l'on a multiplié par un nombre de jours.*

201. Quand l'intérêt est à 6 p. 0/0, taux habituellement reçu dans le commerce, le calcul devient très-facile.

En effet, à 6 p. 0/0, 6 000 francs de capital produisent, au bout d'une année de 360 jours, un intérêt qui est de 0 fr. 06 × 6 000 = 360 francs, c'est-à-dire 1 franc par jour. Donc, dans un jour, 1 franc rapportera 6 000 fois moins, c'est-à-dire la six-millième partie d'un franc. Il en résulte que, si l'on place 832 francs à 6 p. 0/0, pendant 73 jours, l'intérêt sera, pour chaque franc prêté, un six-millième de franc multiplié par 73; donc, pour 832 francs, j'aurai 832 six-millièmes de franc multipliés par 73, c'est-à-dire que j'aurai à faire, successivement sur 73, la multiplication par 832 et la division par 6 000. L'intérêt cherché est donc :

$$\frac{73 \times 832}{6\ 000} = 10 \text{ fr. } 12.$$

De là cette règle pratique pour calculer l'intérêt à 6 p. 0/0.

1° *Multipliez le nombre de jours par le capital* (en termes de banque, le produit de cette multiplication s'appelle le *nombre* du capital). 2° *Divisez par* 6 000 *le produit ainsi obtenu.*

Remarque. — La division par 6 000 se fait, dans la pratique, en divisant successivement par 1 000 et par 6, facteurs de 6 000 (**87**).

Voici le détail des calculs :

$$\begin{array}{r} 832 \\ 73 \\ \hline 2\ 496 \\ 58\ 24 \\ \hline 60\ 736 \end{array} = 832 \times 73$$

$$60\ 736 : 1\ 000 = 60{,}736$$

$$60\ 736 : 6 = 10 \text{ fr.}, 122$$

Ainsi, l'intérêt est de 10 fr. 12 c. — Si le capital contient des centimes, on peut les négliger ; surtout si l'on ajoute 1 franc au capital, lorsqu'il renferme plus de 50 centimes. L'erreur ne peut être que très-petite.

202. S'il s'agissait de calculer l'intérêt total produit par différentes sommes placées à 6 p. 0/0 pendant des temps différents, on multiplierait chaque somme par le nombre de jours qui s'y rapporte ; on obtiendrait ainsi ce qu'on appelle les *nombres* des différentes sommes, on additionnerait ces nombres et on diviserait le total par 6 000.

Exemple : 425 francs portent intérêt durant 36 jours ; 912 fr. 40 c. pendant 19 jours, 2425 fr. 60 c.

pendant 48 jours, et 715 francs pendant 50 jours; quel sera l'intérêt total?

On dispose ainsi l'opération :

	Nombres.
425 × 36 =	15 300
912 × 19 =	17 328
2 426 × 48 =	116 448
715 × 50 =	35 750

184 826 : 1 000 = 184,826
184 826 : 6 = 30 fr. 80

Le *nombre* correspondant à chaque capital exprime combien de fois ce capital a produit l'intérêt d'un franc pendant un jour; donc la somme des *nombres* représente 184 826 fois l'intérêt d'un franc pendant un jour, c'est-à-dire 184 826 fois un six millième de franc.

203. Le calcul de l'intérêt à 6 p. 0/0 est si facile qu'il est ordinairement plus commode de l'employer, même pour les autres taux, quand il s'agit de sommes prêtées pendant un certain nombre de jours. Avec un peu de réflexion, on voit ce qu'il faut retrancher de l'intérêt à 6 p. 0/0 pour avoir l'intérêt cherché :

Si l'intérêt est à 5 p. 0/0, on retranche un sixième;
— 4 p. 0/0, — un tiers;
— 3 p. 0/0, on prend la moitié;
— 2 p. 0/0, — le tiers;
— 5 1/2 p. 0/0, on retranche un douzième
— 4 1/2 p. 0/0, — un quart;
— 3 1/2 p. 0/0, on prend la moitié, comme pour 3, et on ajoute le sixième de cette moitié;
— 2 1/2 p. 0/0, on prend la moitié, comme pour 3, et on retranche le sixième de cette moitié.

204. *4e problème :*

832 francs sont placés à 4 p. 0/0 pendant 5 ans, 7 mois et 13 jours ; quel intérêt produisent-ils?

Un franc pendant 5 ans, produit 0 fr. 04 × 5 = 0 f. 20

— — 7 mois — $\frac{0 \text{ fr. } 04 \times 7}{12} = \frac{0 \text{ fr. } 28}{12} = 0 \text{ f. } 0233$

— — 13 jours — $\frac{0 \text{ fr. } 04 \times 13}{365} = \frac{0 \text{ fr. } 52}{365} = 0 \text{ f. } 00143$

Intérêt total pour un franc = 0 f. 22473

Intérêt pour 832 fr. = 0,22473 × 832 = 186 f. 98

$$\begin{array}{r} 0{,}22473 \\ 832 \\ \hline 44946 \\ 67419 \\ 179784 \\ \hline 186{,}97536 \end{array}$$

§ II.

INTÉRÊT COMPOSÉ.

205. Le calcul des intérêts composés peut se faire comme il suit, d'après la *méthode de l'unité.*

Un franc placé pendant un an se trouve augmenté de son intérêt à la fin de la deuxième année. Ce franc, ainsi augmenté, devient un capital qui se trouve lui-même accru de son intérêt au commencement de la troisième année, etc. On pourra donc, d'après la méthode indiquée ci-dessus, calculer ce qu'un franc, placé à intérêts composés, vaudra au bout d'un certain nombre d'années; et il suffira évidemment, de multiplier cette valeur par le nombre de francs prêtés, pour savoir ce que vaut alors le capital. En retranchant le capital primitif, on connaîtra l'intérêt qu'il aura produit.

Exemple : 1000 francs sont placés à intérêts composés pendant 3 ans; combien rapporteront-ils d'intérêts à 6 p. 0/0?

1 franc au bout d'un an vaut 1 fr. 06 cent.

1 fr. 06 placés pendant le 2e année rapportent un intérêt de 0 fr. 06 × 1 fr. 06 = 0 fr. 0636, qui, ajoutés à 1 fr. 06 donnent 1 fr. 1236 pour la valeur d'un franc au bout de 2 ans.

1 fr. 1236 placés pendant la 3e année rapportent un intérêt de 0 fr. 06 × 1 fr. 1236 = 0 fr. 067 416, qui, ajoutés à 1 fr. 1236 donnent 1 fr. 191 016, pour la valeur d'un franc au bout de 3 ans.

Multipliant 1 fr. 191 016 par 1000 fr., j'ai 1,191 fr. 02, et retranchant 1000 fr., valeur du capital primitif, j'ai 191 fr. 02 pour l'intérêt composé. L'intérêt simple serait 0 fr. 06 × 3 × 1000 = 180 fr.

206 Voici une table dans laquelle on trouve calculée d'avance la valeur d'un franc placé à intérêts composés, à différents taux, au bout de 1 an, 2 ans, etc.

(Suit la table).

Années	3 p. %	4 p. %	4 1/2 p. %	5 p. %	5 1/2 p. %	6 p. %
1	1,0300000	1,0400000	1,0450000	1,0500000	1,0550000	1,0600000
2	1,0609000	1,0816000	1,0920250	1,1025000	1,1130250	1,1236000
3	1,0927270	1,1248640	1,1411661	1,1576250	1,1742414	1,1910160
4	1,1255088	1,1698586	1,1925186	1,2155063	1,2388247	1,2624770
5	1,1592741	1,2166529	1,2461819	1,2762816	1,3069600	1,3382256
6	1,1940523	1,2653190	1,3022601	1,3400956	1,3788428	1,4185191
7	1,2298739	1,3159318	1,3608618	1,4071004	1,4546792	1,5036303
8	1,2667701	1,3685691	1,4221006	1,4774554	1,5346865	1,5938481
9	1,3047732	1,4233118	1,4860951	1,5513282	1,6190943	1,6894790
10	1,3439164	1,4802443	1,5529694	1,6288946	1,7081445	1,7908477
11	1,3842339	1,5394541	1,6228530	1,7103394	1,8020924	1,8982986
12	1,4257609	1,6010322	1,6958814	1,7958563	1,9012075	2,0121965
13	1,4685337	1,6650735	1,7721961	1,8856491	2,0057739	2,1329283
14	1,5125897	1,7310764	1,8519449	1,9799316	2,1160915	2,2609040
15	1,5579674	1,8009435	1,9352824	2,0789282	2,2324765	2,3965582
16	1,6047064	1,8729813	2,0223701	2,1828746	2,3552627	2,5403517
17	1,6528476	1,9479005	2,1133768	2,2920183	2,4848022	2,6927728
18	1,7024331	2,0258165	2,2084788	2,4066192	2,6214663	2,8543392
19	1,7535061	2,1068492	2,3078603	2,5269502	2,7656469	3,0255995
20	1,8061112	2,1911231	2,4117140	2,6532977	2,9177575	3,2071355
21	1,8602946	2,2787681	2,5202412	2,7859626	3,0782341	3,3995636
22	1,9161034	2,3699188	2,6336520	2,9252607	3,2475370	3,6035374
23	1,9735865	2,4647155	2,7521663	3,0715238	3,4261516	3,8197497
24	2,0327941	2,5633042	2,8760138	3,2250999	3,6145899	4,0489346
25	2,0937779	2,6658363	3,0054345	3,3863549	3,8133923	4,2918707
26	2,1565913	2,7724698	3,1406790	3,5556727	4,0231289	4,5493830
27	2,2212890	2,8833686	3,2820096	3,7334563	4,2444010	4,8223459
28	2,2879277	2,9987033	3,4297000	3,9201291	4,4778431	5,1116867
29	2,3565655	3,1186515	3,5840365	4,1161356	4,7241244	5,4183879
30	2,4272625	3,2433975	3,7453181	4,3219424	4,9839513	5,7434912
31	2,5000804	3,3731334	3,9138574	4,5330395	5,2580686	6,0881006
32	2,5750828	3,5080588	4,0899810	4,7649415	5,5472624	6,4533867
33	2,6523352	3,6483811	4,2740302	5,0031885	5,8523618	6,8405899
34	2,7319053	3,7943163	4,4663615	5,2533480	6,1742417	7,2510253
35	2,8138625	3,9460890	4,6673478	5,5160154	6,5138250	7,6860868
36	2,8982783	4,1039325	4,8773785	5,7918161	6,8720854	8,1472520
37	2,9852267	4,2680899	5,0968605	6,0814069	7,2500501	8,6360871
38	3,0747835	4,4388135	5,3262192	6,3854773	7,6488028	9,1542523
39	3,1670270	4,6163660	5,5658991	6,7047511	8,0694870	9,7035075
40	3,2620378	4,8010206	5,8163645	7,0399887	8,5133088	10,2857179
41	3,3598989	4,9930615	6,0781009	7,3919882	8,9815408	10,9028610
42	3,4606959	5,1927839	6,3516155	7,7615876	9,4755255	11,5570327
43	3,5645168	5,4004953	6,6374382	8,1496669	9,9966794	12,2504546
44	3,6714523	5,6165151	6,9361229	8,5571503	10,5464968	12,9854819
45	3,7815958	5,8411757	7,2482484	8,9850078	11,1265541	13,7646108
46	3,8950437	6,0748227	7,5744196	8,4342582	11,7385146	14,5904875
47	4,0118950	6,3178156	7,9152685	9,9059711	12,3841329	15,4659167
48	4,1322519	6,5705282	8,2714556	10,4012697	13,0652602	16,3938717
49	4,2562194	6,8333494	8,6436711	10,9213331	13,7838495	17,3775040
50	4,3839060	7,1066834	9,0326363	11,4673998	14,5419612	18,4201543

206 Note — D'après l'usage universellement établi en France, la **règle d'escompte** se confond aujourd'hui avec la règle d'intérêt. Escompter une somme payable au bout d'un certain temps, *c'est diminuer cette somme de l'intérêt qu'elle produirait jusqu'à son échéance.* Dans la règle d'intérêt proprement dite, on calcule ordinairement l'intérêt pour l'*ajouter* au capital; dans la règle d'escompte, on calcule l'intérêt pour le *retrancher* du capital.

ARTICLE III.

RÈGLE DE RÉPARTITION.

207. Cette règle enseigne à *partager un nombre donné en parties qui présentent entre elles certains rapports.* Cette règle est *simple*, quand ces rapports sont calculés d'avance; elle est *composée* dans le cas contraire.

§ I.

RÈGLE DE RÉPARTITION SIMPLE.

208. Soit à diviser 60 fr. entre 3 personnes dont les parts soient entre elles comme les nombres 7, 3 et 2, c'est-à-dire telles que la 1re personne ait 7 fois ce que la 2e a 3 fois et la 3e 2 fois.

En employant la *méthode de l'unité*, je raisonne ainsi : je suppose que j'ai seulement 1 franc à partager entre les 3 personnes. Dans ce franc, je devrai former d'abord 7 parts que je donnerai à la 1re personne; ensuite 3 parts pour la 2e et 2 parts pour la 3e; j'aurai en tout 12 parts égales, et chacune sera $\frac{1}{12}$ de franc. Je donnerai donc $\frac{7}{12}$ de franc à la première personne, $\frac{3}{12}$ à la 2e et $\frac{2}{12}$ à la 3e. En partageant de la même manière chacun des 60 francs, je donnerai $\frac{7 \times 60}{12}$ à la 1re personne, $\frac{3 \times 60}{12}$ à la 2e et $\frac{2 \times 60}{12}$ à la 3e.

209. Au lieu de diviser d'abord 7 par 12 et de multiplier le quotient par 60, il vaut mieux (**91**) multiplier 7 par 60 et diviser le produit par 12. Il en est de même des parts des deux autres personnes.

Donc la première personne recevra $\frac{60 \times 7}{12} = 35$ fr.
la deuxième — $\frac{60 \times 3}{12} = 15$ fr.
la troisième — $\frac{60 \times 2}{12} = 10$ fr.

De là cette règle générale : *pour trouver une des parts, multipliez la somme à partager par le nombre qui représente cette part, et diviser le produit par le total des nombres qui représentent toutes les parts.*

210. Comme, pour calculer chaque part, on divise toujours par le même total, on pourrait d'abord diviser par ce total la somme à répartir, et multiplier le quotient ainsi obtenu par le nombre qui se rapporte à la part cherchée.

Dans la question précédente, par exemple, on diviserait d'abord 60 par 12. On aurait ainsi le quotient 5 qui, multiplié par 7, donne 35 (1re part), multiplié par 3, donne 15 (2e part), multiplié par 2, donne 10 (3e part).

Quand on commence ainsi par la division, il faut quelquefois calculer beaucoup de décimales au quotient, afin que les multiplications qui suivent n'entraînent pas une erreur trop considérable.

211. Soit le problème suivant :

4 négociants ont gagné ensemble 8,742 francs. Le premier avait mis dans la société 3,465 francs ; le deuxième, 7,586 francs ; le troisième, 9,231 francs ; le quatrième, 3,689 francs. On demande combien il revient à chacun.

Il s'agit évidemment de partager le bénéfice 8,742 francs en 4 parts qui présentent entre elles les rapports des mises.

Je fais la somme des mises :

```
 3 463
 7 586
 9 231
 3 689
------
23 969
```

Je divise 8 742 par 23 969 :

```
87420   | 23969
155130  |----------
 113160 | 0,364721
  172840
    50570
     26320
```

J'ai calculé le quotient jusqu'aux millionièmes de franc qui sont des dix-millièmes de centimes, parce que le multiplicateur le plus considérable par lequel j'aurais à multiplier est 9 231, nombre voisin de 10 000. Il faut donc que l'erreur du quotient ne soit pas d'un dix-millième de centime, pour que, répétée 10 000 fois, elle ne puisse devenir supérieure à 1 centime.

Maintenant je multiplie 0 fr. 364 721 par chacune des mises.

```
        0,364 721                0,364 721
            3 463                    7 586
     ------------             ------------
        1 094 163                2 188 326
       21 883 26                29 177 68
      145 888 4                182 360 5
    1 094 163                2 553 047
    -------------            -------------
1re part = 1 263,028 823  2e part = 2 766,773 506
```

```
         0,364 721                  0,364 721
             9 231                      3 689
         ---------                  ---------
           364 721                  3 282 489
         10 941 63                 29 177 68
          72 944 2                218 832 6
        3 282 489               1 094 163
        ------------            --------------
3e part = 3 366,739 551   4e part = 1 345,455 769
```

212. Vérification. — Elle se fait en additionnant les quatre parts : On doit retrouver ainsi la somme à partager. On peut sans inconvénient négliger les fractions de franc inférieures aux centimes; on peut même rendre l'erreur de chaque part plus petite qu'un demi-centime, en ajoutant 1 au chiffre des centimes, toutes les fois que les chiffres négligés valent plus d'un demi-centime.

```
 1 263,03
 2 766,77
 3 366,74
 1 345,46
 --------
 8 742,00
```

Comme le quotient 0 fr. 364 721 n'est pas complètement exact, et comme chacun des nombres additionnés ci-dessus comporte une erreur d'un demi-centime, il aurait pu arriver que le total 8 742 fr. n'eût été obtenu qu'à quelques centimes près, sans qu'aucune erreur de calcul eût été commise.

213. Remarque. — Dans l'exemple précédent nous avions à multiplier 0,364 721 par les chiffres très-nombreux qui entrent dans les mises de chaque associé. Dans les cas semblables, on conseille de former d'avance le produit du multiplicande commun par les chiffres 1, 2, 3, 4, 5, 6, 7, 8, 9. On n'a plus qu'à placer dans l'ordre convenable les produits ainsi formés. Ce qu'il y a de plus simple, c'est d'ajouter le multiplicande à lui-même pour avoir le produit par deux; d'ajouter encore ce multiplicande au double pour avoir le produit par 3, et ainsi de suite. Quand on a obtenu le produit par 9, si on ajoute encore le multiplicande, on obtient le produit par 10, qui doit être composé des mêmes chiffres significatifs que le multiplicande proposé, ce qui fournit une vérification précieuse. C'est ainsi que nous avons procédé.

Multiplicande		=	364 721
produit par	2	=	729 442
—	3	=	1 094 163
—	4	=	1 458 884
—	5	=	1 823 605
—	6	=	2 188 326
—	7	=	2 553 047
—	8	=	2 917 768
—	9	=	3 282 489
—	10	=	3 647 210

§ II.

RÈGLE DE RÉPARTITION COMPOSÉE.

214. 1er Problème. — Deux ouvriers ont gagné 423 fr. Le premier a travaillé pendant 15 jours et 11 heures par jour; le second pendant 17 jours et 9 heures par jour; comment faut-il répartir le salaire entre les deux ouvriers?

Si le salaire était partagé en raison du nombre de jours seulement, il y aurait une injustice; car la journée de 11 heures serait payée le même prix que la journée de 9 heures. Il est nécessaire de calculer combien chaque ouvrier a fait d'heures de travail.

Le premier en a fait 15 fois 11 = 165
Le deuxième en a fait 17 fois 9 = 153

Donc le salaire doit-être partagé de manière que le 1er reçoive 165 fois ce que le second recevra 153 fois. C'est maintenant une règle de répartition simple: il s'agit de partager 423 dans le rapport des deux nombres 165 et 153.

165
153

Somme des rapports = 318

Première part = $\frac{423 \times 165}{318}$ = 219 fr. 48

Deuxième part = $\frac{423 \times 153}{318}$ = 203 fr. 51

215. 2e Problème. — Trois commerçants associés ont gagné ensemble 12738 fr. 27. Le 1er a mis dans la société 3426 fr., pendant 4 ans; le 2e, 6385 fr., pendant 3 ans 7 mois; le 3e, 8373 pendant 22 mois; combien revient-il à chacun?

Si les différentes sommes avaient été placées pen-le même temps, l'équité demanderait que le gain fût partagé dans le rapport des *mises*, c'est-à-dire dans le rapport des fonds placés. Mais agir ainsi, dans la circonstance présente, ce serait favoriser les fonds placés pendant moins de temps aux dépens des sommes qui sont restées plus longtemps dans la la société. Si l'on veut avoir une base de répartition convenable, il faut chercher, pour chaque commerçant, combien de fois il a laissé 1 franc pendant 1 mois à la disposition de la société.

Pour le 1er	c'est	3 426	francs	× 48	mois	=	164 448
—	2e —	6 385	—	× 43	—	=	274 555
—	3e —	8 373	—	× 22	—	=	184 206

Le problème se réduit donc à répartir 12 738 fr. 27 dans le rapport des produits.

164 448
274 555
184 206

Somme des rapports = 623 209

Je divise le gain total 12 738 fr. 27 par 623 209, somme des rapports : J'ai pour quotient 0 fr. 0204398, et je multiplie ce quotient d'abord par 164 448 pour avoir la part du 1er commerçant. Je le multiplie par

274 555 pour avoir celle du 2e, et enfin par 184 206, pour avoir celle du 3e. J'obtiens ainsi les 3 parts ci-dessous, dont la somme est égale, à 1 centime près, au bénéfice total qu'il s'agissait de partager.

1re part	= 3 361 fr.	28
2e —	= 5 611	85
3e —	= 3 765	13
Somme des 3 parts	= 12 738 fr.	26

ARTICLE IV.

RÈGLE DES MOYENNES.

216. Cette règle a pour but de trouver un nombre *moyen* entre plusieurs nombres donnés.

Exemple : Le produit net d'un hectare de terrain a été, la 1re année, de 92 fr. ; la 2e année, de 85 fr. ; la 3e, de 102 fr.; la 4e, de 78 fr.; la 5e de 113 fr. Quel a été le revenu moyen?

Pour répondre à cette question, il suffit évidemment de chercher le revenu total pendant les 5 années (c'est $92 + 85 + 102 + 78 + 113 = 470$) et de diviser ensuite par 5. Le revenu moyen pour chaque année sera $\frac{470}{5} = 94$ fr.

En général, *on ajoute les quantités données et l'on divise le total par le nombre de ces quantités.*

217. Ce procédé sert à déterminer, par exemple, la dépense moyenne d'une maison par année, par mois ou par jour. On calculerait de la même manière la hauteur moyenne du baromètre, la température moyenne, etc.

DEUXIÈME PARTIE.

Nous traiterons, dans cette deuxième partie, 1° des fractions quelconques, 2° des proportions, 3° des nombres complexes.

CHAPITRE I.

Fractions quelconques.

Une fraction peut être définie de deux manières :

218. 1re Définition. — *Une fraction est une quantité composée de parties égales d'unité, desquelles le numérateur indique le nombre et le dénominateur exprime la nature.* (27).

219. 2e Définition. — *Une fraction est le quotient qu'on obtiendrait en divisant le numérateur par le dénominateur* (70).

220. Remarque. — Les deux définitions qui précèdent indiquent deux points de vue différents, sous lesquels une fraction quelconque peut-être considérée. — On peut dire encore qu'au fond une fraction ne diffère pas essentiellement d'un nombre entier; car on peut la regarder comme renfermant, un nombre entier de fois, une certaine unité plus petite que l'unité principale. Ainsi, la fraction $\frac{4}{5}$ peut être regardée comme renfermant 4 fois une certaine unité qui est la cinquième partie de l'unité principale. Lorsque l'unité principale est conventionnelle (**8**), c'est-à-dire peut être choisie arbitrairement, on peut, en adoptant une unité principale plus petite, transformer la fraction en nombre entier, sans qu'elle change réellement de valeur. Ainsi, par exemple, si la fraction $\frac{4}{5}$ exprime les $\frac{4}{5}$ d'un mètre, elle deviendrait, sans changer de valeur, égale au nombre entier 4, en prenant pour unité principale le cinquième du mètre, c'est-à-dire le double décimètre.

Par cette remarque, nous étendons à des fractions quelconques ce qui a été dit des fractions décimales (**103**).

221. Nous divisons ce chapitre en trois articles, dont le premier expose les principes fondamentaux ; le second, les transformations, le troisième, le calcul des fractions quelconques.

ARTICLE I.

PRINCIPES FONDAMENTAUX RELATIFS AUX FRACTIONS.

222. Théorème I. — *Tout nombre entier peut être regardé comme une fraction, dont le numérateur est ce nombre entier lui-même, et dont le dénominateur est 1.* Ainsi, par exemple, $8 = \frac{8}{1}$ (on lit : 8 = 8 sur 1).

En effet 1° : partant de la première définition des fractions, je dis : 8 peut-être regardé comme renfermant 8 quantités telles qu'une seule suffit pour faire l'unité. — 2° Appliquant la deuxième définition des fractions, je dis : 8 divisé par 1 égale évidemment 8. Donc $8 = \frac{8}{1}$.

223. Théorème II. — *La valeur d'une fraction est en raison directe du numérateur* : c'est-à-dire que, si, le dénominateur restant le même, on rend le numérateur 2 fois, 3 fois, 4 fois, etc., plus petit ou plus grand, la fraction devient elle-même 2 fois, 3 fois, 4 fois, etc., plus petite ou plus grande.

En effet : 1°, si nous partons de la première définition, nous raisonnerons ainsi : le dénominateur n'étant pas changé, la nature des parties reste la même ; donc la fraction sera d'autant plus grande qu'elle contiendra plus de ces parties. — 2°, si nous partons de la seconde définition, nous nous rappellerons que le quotient est en raison directe du dividende (88) ; donc la fraction, qui est un quotient, est en raison directe du numérateur, qui est le dividende.

224. Théorème III. — *La valeur d'une fraction est en raison inverse du dénominateur*: c'est-à-dire que, si, le numérateur restant le même, le dénominateur devient 2 fois, 3 fois, 4 fois, etc., plus grand, la fraction devient 2 fois, 3 fois, 4 fois, etc., plus petite. — Si le dénominateur devenait 2 fois, 3 fois, 4 fois, etc, plus petit, la fraction deviendrait 2 fois, 3 fois, 4 fois, etc., plus grande.

En effet : 1°, d'après la première définition, le numérateur restant le même, on continue d'avoir le même nombre de parties de l'unité ; mais le dénominateur étant doublé, triplé, quadruplé, etc., les parties de l'unité deviennent, pour cette raison, 2 fois, 3 fois, 4 fois, etc., plus petites, puisqu'il en faut 2, 3, 4 fois plus pour composer l'unité entière. Le raisonnement est tout à fait le même pour le cas où le dénominateur devient 2, 3, 4 fois plus petit : les parties de l'unité sont alors plus grandes, puisqu'il en faut moins pour composer l'unité entière. — 2°, On peut aussi démontrer ce théorème en partant de la deuxième définition ; car on a vu (89) que le quotient, c'est-à-dire la fraction (70), est en raison inverse du diviseur, c'est-à-dire du dénominateur.

225. Théorème IV. — *La valeur d'une fraction ne change pas quand on multiplie les deux termes de cette fraction par un même nombre. Elle ne change pas non plus qaand on divise les deux termes par un même nombre.*

1° Raisonnons d'abord d'après la première définition. Soit la fraction $\frac{6}{15}$. Si l'on en multiplie les deux termes par 2, on obtiendra $\frac{12}{30}$, fraction égale à $\frac{6}{15}$. En effet, si je doublais seulement le numérateur 6, j'aurais $\frac{12}{15}$, fraction deux fois plus grande que $\frac{6}{15}$, en vertu du deuxième théorème, ci-dessus (**223**); mais, en doublant le dénominateur 15, la fraction $\frac{12}{15}$ devient deux fois plus petite, en vertu du troisième théorème (**224**). La fraction $\frac{12}{15}$ a donc été rendue d'abord 2 fois plus grande et ensuite 2 fois plus petite, c'est-à-dire qu'en définitive elle n'a pas changé. — Si l'on divisait par 3 les deux termes 6 et 15, on aurait la fraction $\frac{2}{5} = \frac{6}{15}$; car, si d'un côté il y a trois fois moins de parties, de l'autre côté, elles sont 3 fois plus grandes.

2° Si, partant de la deuxième définition, nous regardons la fraction comme un quotient, il suffira de se rappeler le théorème du n° 90, qui est au fond complétement identique à celui que nous démontrons ici.

226. Remarque. — Si l'on multiplie un des termes d'une fraction par un nombre, et l'autre terme de la fraction par un autre nombre, la fraction changera de valeur. Soit la fraction $\frac{3}{4}$: si je multiplie le numérateur 3 par 2 et le dénominateur 4 par 5, j'obtiens $\frac{6}{20}$, fraction qui n'est pas égale à $\frac{3}{4}$. En effet, en doublant le numérateur 3, je double la fraction (**223**); mais en multipliant le dénominateur 4 par 5, j'ai rendu la fraction 5 fois plus petite (**224**). La fraction a donc éprouvé deux changements qui ne se font pas compensation. — Il en serait de même si les deux termes de la fraction étaient divisés par des nombres différents.

227. — Théorème V. — *Toute fraction qui n'est pas égale à l'unité change de valeur, si l'on ajoute ou si l'on retranche le même nombre aux termes de la fraction.*

Soit la fraction $\frac{5}{9}$: si j'ajoute 4 aux deux termes, j'aurai $\frac{9}{13}$, fraction plus grande que $\frac{5}{9}$. En effet, à $\frac{5}{9}$ il manque $\frac{4}{9}$ pour faire $\frac{9}{9}$, c'est-à-dire l'unité ; tandis qu'il suffit d'ajouter $\frac{4}{13}$ à $\frac{9}{13}$ pour composer l'unité ou $\frac{13}{13}$. Or $\frac{4}{13}$ est une fraction moindre que $\frac{4}{9}$; car, dans les deux fractions $\frac{4}{9}$ et $\frac{4}{13}$ il y a le même nombre de parties d'unité ; mais les treizièmes sont plus petits que les neuvièmes. Donc la fraction $\frac{9}{13}$ diffère moins de l'unité que la fraction $\frac{5}{9}$; donc, en ajoutant 4 aux deux termes de $\frac{5}{9}$, on a augmenté la valeur de cette fraction.

Soit la fraction $\frac{6}{11}$, à laquelle il manque $\frac{5}{11}$ pour être égale à l'unité : si je retranche 3 des termes 6 et 11, j'obtiens $\frac{3}{8}$, fraction à laquelle il manque $\frac{5}{8}$ pour égaler l'unité. Comme $\frac{5}{8}$ valent plus que $\frac{5}{11}$, j'ai donc diminué la fraction $\frac{6}{11}$.

228. Remarque. — Si la fraction proposée était égale à l'unité, elle aurait un dénominateur égal au numérateur, et, comme l'addition et la soustraction d'un même nombre faite sur deux termes égaux n'en altèrent pas l'égalité, la fraction resterait toujours égale à 1 ; donc, dans ce cas particulier seulement, l'addition ou la soustraction d'un même nombre ne changerait pas la valeur de la fraction.

ARTICLE II.

TRANSFORMATIONS DES FRACTIONS.

230. Il y a quatre transformations principales qu'on peut faire subir aux fractions : 1° on extrait les unités entières que les fractions peuvent contenir ; 2° on réduit les nombres entiers en fractions ; 3° on simplifie les fractions ; 4° on les réduit au même dénominateur.

§ I.

EXTRACTION DES UNITÉS ENTIÈRES QUI PEUVENT ÊTRE CONTENUES DANS UNE FRACTION.

231. On reconnaît qu'une fraction renferme l'unité, lorsque le numérateur n'est pas inférieur au dénominateur. En effet, on a autant de parties de l'unité qu'il en faut pour composer l'unité entière (**27**); 2° on divise un dividende par un diviseur contenu dans ce dividende.

232. Rien de plus simple que d'extraire les unités entières contenues dans une fraction. Il suffit pour cela de diviser le numérateur par le dénominateur; les unités du quotient seront les unités entières contenues dans la fraction. Il faudra ajouter à ces unités une fraction dont le numérateur sera le reste de la division et dont le dénominateur sera le dénominateur de la fraction proposée.

Soit, par exemple $\frac{18}{7}$: je divise 18 par 7, j'obtiens pour quotient 2 unités, et pour reste 4 : j'écris donc $\frac{18}{7} = 2 + \frac{4}{7}$.

Ce procédé découle immédiatement de ce qu'une fraction est le quotient du numérateur divisé par le dénominateur. — Il découle aussi de la première définition des fractions. Car, d'après cette définition, $\frac{18}{7}$ exprime qu'on a pris 18 fois la septième partie de l'unité; or, comme l'unité équivaut évidemment à $\frac{7}{7}$, on a, dans $\frac{18}{7}$, 2 fois $\frac{7}{7}$ plus $\frac{4}{7}$.

Comme on l'a vu précédemment (**120**), on emploie le même procédé, quand il s'agit de réduire une fraction quelconque en fraction décimale.

§ II.

TRANSFORMATION DES NOMBRES ENTIERS EN FRACTIONS.

233. Pour transformer un nombre entier en une

fraction dont le dénominateur est donné, *il faut multiplier le nombre entier par le dénominateur proposé.*

Ex. : Soit 7 à transformer en douzièmes. Je multiplie 7 par 12, et j'obtiens la fraction $\frac{84}{12} = 7$.

En effet : 1° une unité vaut $\frac{12}{12}$; donc, 7 unités valent 7 fois $\frac{12}{12}$ ou $\frac{84}{12}$; — 2° $7 = \frac{7}{1}$ (**222**), fraction qui devient $\frac{84}{12}$, quand on en multiplie les deux termes par 12 (**225**).

§ III.

SIMPLIFICATION DES FRACTIONS.

234. Les deux termes d'une fraction sont des nombres entiers. Or, parmi les opérations qu'on peut effectuer sur les nombres entiers, deux seulement ont pour effet de diminuer le nombre sur lequel on opère : ce sont la soustraction et la division.

235. Si l'on retranchait le même nombre du numérateur et du dénominateur d'une fraction quelconque, la fraction changerait de valeur (**227**), excepté dans le cas où elle égale l'unité (**228**). Mais on peut, sans changer la valeur d'une fraction, en diviser les deux termes par un même nombre (**225**). Si ce diviseur est plus grand que 1, les termes de la fraction deviendront plus petits par la division, et la fraction sera simplifiée. De là le procédé suivant, pour simplifier une fraction.

236. *Quand le numérateur et le dénominateur d'une fraction se divisent sans reste par un nombre entier plus grand que* 1, *on divise les deux termes par ce nombre et on les remplace par les quotients ainsi obtenus.*

Soit, par exemple, la fraction $\frac{12}{15}$: je divise les deux termes par 3, et j'obtiens la fraction $\frac{4}{5}$, égale à la fraction $\frac{12}{15}$.

237. Pour que la fraction soit simplifiée autant que possible, il faut évidemment diviser les deux termes par le plus grand nombre entier qui les divise à la fois sans reste : c'est ce qu'on appelle *le plus grand commun diviseur* des deux termes de la fraction. Nous devons donc indiquer ici comment on trouve ce plus grand commun diviseur.

Recherche du plus grand commun diviseur de deux nombres.

238. Pour abréger, 1° au lieu d'écrire tout au long *le plus grand commun diviseur* de deux nombres, on écrit le p. g. c. d. de ces deux nombres; 2° on dit simplement qu'un nombre en divise un autre, quand la division se fait sans reste.

239. **Théorème I.** — *Tout nombre qui en divise deux autres divise aussi leur somme.*

Soit le nombre 12, qui divise 108 et 84 : je dis qu'il divise 192 = 108 + 84.

En effet, 108 = 12 × 9, c'est-à-dire 9 douzaines.
84 = 12 × 7, c'est-à-dire 7 douzaines.

Donc, 108 + 84 ou 192 = 9 douzaines + 7 douzaines, c'est-à-dire 16 douzaines.

Donc, si je divise 192 par 12, je trouverai que 192 renferme 12 seize fois, ni plus, ni moins.

240. **Théorème II.** — *Tout nombre qui en divise deux autres divise aussi leur différence.*

Soit le nombre 12, qui divise 192 et 84 : je dis qu'il divise aussi 192 — 84 ou 108.

En effet, 192 équivaut à 16 douzaines; 84 équivaut à 7 douzaines. Or, si de 16 douzaines je retranche 7 douzaines, il me restera 9 douzaines. Donc, je suis certain que 108, différence entre 192 et 84, égale un nombre entier de douzaines, c'est-à-dire est divisible par 12.

241. **Théorème III.** — *Tout nombre qui divise un autre nombre divise aussi le double, le triple, le quadruple et, généralement, un multiple quelconque de cet autre nombre.*

En effet, supposons qu'un nombre se divise par 12; cela veut dire qu'il renferme un nombre entier de douzaines, ni plus, ni moins. Si l'on vient à doubler, à tripler, etc. ce nombre, on aura 2 fois, 3 fois, etc. plus de douzaines; mais on aura toujours un nombre exact de douzaines, ni plus, ni moins.

242. Remarque. — Pour démontrer les trois théorèmes ci-dessus, je me suis servi du nombre 12, auquel correspond le mot *douzaine*. J'aurais pu choisir un autre nombre quelconque; le raisonnement aurait été le même, mais un peu plus long; parce qu'au lieu d'un mot unique, comme le mot *douzaine*, j'aurais dû employer, presque toujours, une périphrase. Par exemple, si j'avais pour diviseur 17, je devrais dire *un groupe de* 17 *unités*, partout où j'ai dit *douzaine*, dans les raisonnements qui précèdent.

243. Théorème IV. — *Tout nombre qui divise deux autres nombres, divise aussi le reste qu'on obtient en les divisant l'un par l'autre.* Par exemple, 7 divise 56 et 21 : je dis qu'il divise 14, reste qu'on obtient en divisant 56 par 21.

En effet, en divisant 56 par 21, je trouve pour quotient 2, et pour reste 14, comme l'indique l'opération suivante :

56	21
14	2

Le reste 14 est la différence entre 56 et 21 × 2. Or, 7 divise 56 par supposition; il divise aussi 21 par supposition, et conséquemment 21 × 2 (241). Donc 7, qui divise 56, et 21 × 2, divise aussi leur différence (**240**), c'est-à-dire 14.

244. Soit maintenant à trouver le plus grand commun diviseur des deux nombres 720 et 312. On dispose l'opération comme il suit :

	2	3	4
720	312	96	24
96	24	0	

Le plus grand commun diviseur de 720 et de 312 ne peut être plus grand que 312. Le nombre 312 se divisant lui-même, serait le p. g. c. d. cherché, s'il divisait aussi 720; c'est pour cela que j'essaie la division de 720 par 312. J'obtiens le quotient 2 (que je place au-dessus du diviseur), et il reste 96. En vertu du théorème IV, tout diviseur de 720 et de 312 divise aussi le reste 96. Je suis conduit à chercher le plus grand nombre qui divise à la fois 312 et 96. J'opère donc sur ces deux nombres comme sur les deux premiers : j'ai pour quotient 3 et il reste 24. Je divise enfin 96 par 24; j'ai pour quotient 4, et le reste est nul. J'en conclus que 24 est le p. g. c. d. cherché. En effet :

245. 1° Tout nombre qui divise 720 et 312 divise aussi 96 (**243**). De même, tout nombre qui divise 312 et 96 divise aussi 24 (**243**). Donc, aucun diviseur commun à 720 et à 312 n'est plus grand que 24.

246. 2° Des divisions opérées ci-dessus, on tire successivement les égalités suivantes :

$$720 = 312 \times 2 + 96$$
$$312 = 96 \times 3 + 24$$
$$96 = 24 \times 4$$

De la dernière égalité, je conclus que 24, qui se divise évidemment lui-même, divise aussi son multiple 96 (**241**).

De l'avant-dernière égalité, je conclus que 24, qui divise 96, et par conséquent 96 × 3, divise 312, somme de 96 × 3 + 24 (**239**).

De la première égalité, je conclus que 24, qui divise 96 et 312 × 2, divise 720, somme de ces deux quantités (**239**).

Donc 24 est commun diviseur de 312 et de 720. D'ailleurs, aucun diviseur commun de ces deux nombres n'est plus grand que 24. Donc 24 est le p. g. c. d. cherché.

247. Du raisonnement précédent, que l'on pourrait répéter sur deux nombres quelconques, on tire le procédé suivant, pour trouver le p. g. c. d. de deux nombres.

Divisez le plus grand nombre par le plus petit. S'il n'y a pas de reste, le petit nombre est le p. g. c. d. cherché. S'il y a un reste, divisez le petit nombre par le reste. S'il n'y a pas de reste à cette division, c'est le reste de la division précédente qui est le p. g. c. d. cherché. S'il y a un second reste, divisez le premier par celui-ci, etc. Continuez à diviser ainsi l'avant-dernier reste par le suivant. Vous arriverez enfin à une division qui ne donnera pas de reste. Le p. g. c. d. cherché sera le dernier diviseur, ou, ce qui revient au même, le dernier reste.

248. Remarque. — Deux nombres entiers quelconques ont toujours 1 pour commun diviseur. Car tout nombre entier divisé par 1 donne pour quotient le nombre lui-même. Il en résulte que le procédé que nous venons d'indiquer donnera toujours un p. g. c. d., qui sera au moins 1.

249. Quand deux nombres ont 1 pour p. g. c. d., on dit que ces nombres sont *premiers entre eux*.

250. Si, en cherchant le p. g. c. d. des deux termes d'une fraction, on trouvait 1 pour p. g. c. d., il serait inutile de diviser ces deux termes par 1, puisqu'on obtiendrait pour quotients les termes proposés. On dit, dans ce cas, que la fraction est *irréductible*.

Ex. : $\frac{64}{81}$

Je cherche le p. g. c. d.

	1	3	1	3	4
81	64	17	13	4	1
17	13	4	1	0	

Le p. g. c. d. est 1 : donc la fraction est irréductible.

§ IV.

RÉDUCTION DES FRACTIONS AU MÊME DÉNOMINATEUR.

251. Cette transformation a pour but de *remplacer*

plusieurs fractions par d'autres de même valeur, possédant toutes le même dénominateur.

252. Voici d'abord un procédé qui s'applique à tous les cas, mais qui ne donne pas toujours le dénominateur le plus simple.

Multipliez successivement les deux termes de chaque fraction par les dénominateurs de toutes les autres fractions.

Exemple : soient les fractions $\frac{5}{12}$ $\frac{3}{4}$ $\frac{8}{15}$ $\frac{2}{3}$

J'ai $5 \times 4 \times 15 \times 3 = 900$; $12 \times 4 \times 15 \times 3 = 2160$

Donc $\frac{5}{12} = \frac{900}{2160}$

$3 \times 12 \times 15 \times 3 = 1620$; $4 \times 12 \times 15 \times 3 = 2160$,

Donc $\frac{3}{4} = \frac{1620}{2160}$

$8 \times 12 \times 4 \times 3 = 1132$; $15 \times 12 \times 4 \times 3 = 2160$

Donc $\frac{8}{15} = \frac{1132}{2160}$

$2 \times 12 \times 4 \times 15 = 1440$; $3 \times 12 \times 4 \times 15 = 2160$.

Donc $\frac{2}{3} = \frac{1440}{2160}$

En effet, en suivant le procédé qu'on vient d'indiquer : 1° les fractions ne changent pas de valeur, puisque les deux termes de chacune sont multipliés par les mêmes nombres (**225**) ; 2° les dénominateurs deviennent égaux, puisque, pour les former, on multiplie toujours les mêmes nombres, disposés dans un ordre différent ; ce qui ne change pas le produit (**55**).

253. Remarque. — Comme ce procédé donne nécessairement le même dénominateur pour toutes les fractions proposées, on se contente, dans la pratique, de calculer une fois le produit de tous les dénominateurs : ce produit devient le dénominateur de toutes les fractions.

254. Voici un autre procédé pour obtenir quelquefois des fractions plus simples. Je l'applique immédiatement aux quatre fractions proposées :

$$\frac{5}{12} \qquad \frac{3}{4} \qquad \frac{8}{15} \qquad \frac{2}{3}$$

Je vois que 15, le plus grand dénominateur proposé, se divise par 3. Il ne se divise pas par 4 ; mais, si je le multiplie par 4, j'aurai 60, qui est divisible par 4, puisque 60 égale 15 fois 4. Je vois que 60 se divise aussi par 12 : donc 60 est divisible par tous les dénominateurs proposés. Je prends 60 pour dénominateur commun.

Cela posé, je cherche par quel nombre il faut multiplier le dénominateur 12 pour obtenir 60; ce que je trouve en divisant 60 par 12. J'obtiens 5 pour quotient; et, multipliant par ce quotient 5 les deux termes de la fraction, j'ai $\frac{25}{60}$.

Je divise de même 60 par 4, dénominateur de la deuxième fraction ; j'ai pour quotient 15 ; et les deux termes de la deuxième fraction, multipliés par 15, me donnent $\frac{45}{60}$.

Pour la troisième fraction, je multiplie les deux termes par 4, quotient de 60 par 15, et j'ai $\frac{32}{60}$.

Pour la quatrième fraction, je multiplie par 20, quotient de 60 par 3, et j'ai $\frac{40}{60}$.

Donc les quatre fractions $\frac{5}{12}$, $\frac{3}{4}$, $\frac{8}{15}$, $\frac{2}{3}$, équivalent à $\frac{25}{60}$, $\frac{45}{60}$, $\frac{32}{60}$, $\frac{40}{60}$.

255. Remarque. — Dans la pratique, on se contente de multiplier le numérateur de chaque fraction par le multiplicateur convenable. On sait d'avance quel doit être le dénominateur commun.

256. En généralisant les explications qui précèdent, on arrive à la règle suivante : ***Trouvez un nombre aussi petit que possible qui soit divisible par tous les dénominateurs proposés : ce sera le dénominateur commun. Pour calculer les dénominateurs de chaque fraction, divisez le dénominateur commun par le dénominateur de cette fraction, et multipliez le numérateur par le quotient ainsi obtenu.***

257. Remarque. — Dans la troisième partie, on donnera un procédé général pour trouver ce qu'on appelle *le plus petit commun multiple de plusieurs nombres*, c'est-à-dire le plus petit nombre qui soit divisible à la fois par plusieurs autres nombres donnés.

ARTICLE III.

CALCUL DES FRACTIONS.

258. Le calcul des fractions, comme le calcul des nombres entiers, comprend quatre opérations principales : l'addition, la soustraction, la multiplication et la division.

§ I.

ADDITION DES FRACTIONS.

259. Soient d'abord à ajouter les fractions

$$\frac{5}{12} \quad \frac{3}{4} \quad \frac{8}{15} \quad \frac{2}{3}$$

Ces fractions exprimant des parties de l'unité différentes les unes des autres, on commence par les réduire au même dénominateur. Comme on l'a vu ci-dessus (**254**), ces quatres fractions sont équivalentes à

$$\frac{25}{60} \quad \frac{45}{60} \quad \frac{32}{60} \quad \frac{40}{60}$$

Maintenant les quatre fractions représentant des parties de même nature, c'est-à-dire des soixantièmes d'unité, on ajoute ensemble ces soixantièmes, comme on additionnerait des unités entières :

$$\begin{array}{r} 25 \\ 45 \\ 32 \\ 40 \\ \hline 142 \end{array}$$

La somme des quatre fractions est 142 soixantièmes d'unité ou $\frac{142}{60}$. Cette somme renferme des unités entières, qu'on peut extraire en divisant 142 par 60. On a ainsi $\frac{142}{60} = 2 + \frac{22}{60}$.

260. Donc en général, *pour ajouter plusieurs fractions, on les réduit au même dénominateur : on additionne les numérateurs des fractions ainsi réduites, et, sous le résultat, on écrit le dénominateur commun.*

261. Soient maintenant à ajouter les nombres fractionnaires suivants :

$$7\,\frac{3}{4} \quad 5\,\frac{6}{11} \quad 2\,\frac{3}{8}$$

Je commence par ajouter les fractions, en suivant le procédé ci-dessus. Je trouve que 11×8 ou 88 est divisible par 11, par 8 et par 4. Ce sera le dénominateur commun. Je divise 88 par 4, et je multiplie 3 par le quotient 22. Je divise 88 par 11, et je multiplie 6 par le quotient 8. Je divise 88 par 8, et je multiplie 3 par le quotient 11. Les trois fractions à ajouter deviennent :

$$\frac{66}{88} + \frac{48}{88} + \frac{33}{88} = \frac{147}{88} = 1 + \frac{59}{88}.$$

J'ajoute maintenant les trois nombres entiers $7 + 5 + 2$. J'obtiens 14 unités qui, jointes à $1 + \frac{59}{88}$, donnent pour résultat final $15 + \frac{59}{88}$.

262. Donc, *on additionne les nombres fractionnaires en ajoutant séparément les fractions et les nombres entiers, et en réunissant les deux résultats.*

§ II.

SOUSTRACTION DES FRACTIONS.

263. Le procédé ressemble beaucoup à celui de l'addition. On réduit au même dénominateur les fractions, qui se trouvent par là formées d'unités de même nature, et alors on soustrait ces parties les unes des autres, comme si c'étaient des unités entières. Seulement, le résultat exprime des parties d'unité de même espèce que celles sur lesquelles on a opéré, et l'on doit, par conséquent, lui donner le dénominateur commun.

Exemples :

1° $\frac{5}{8} - \frac{2}{7} = \frac{35}{56} - \frac{16}{56} = \frac{19}{56}$.

2° $13\,\frac{2}{3} - 8\,\frac{3}{4} = 18\,\frac{8}{12} - 8\,\frac{9}{12} = 4\,\frac{11}{12}$.

264. Remarque. — Dans le second exemple, après avoir réduit au même dénominateur $\frac{2}{3}$ et $\frac{3}{4}$, j'ai eu $\frac{9}{12}$ à retrancher de $\frac{8}{12}$. Pour rendre l'opération possible, j'ai augmenté la fraction minuende $\frac{8}{12}$ de $\frac{12}{12}$ qui équivalent à une unité ; j'ai eu ainsi à retrancher $\frac{9}{12}$ de $\frac{20}{12}$, et il m'est resté $\frac{11}{12}$. Mais comme j'ai augmenté d'une unité la fraction du minuende, j'ajoute une unité au minuteur, pour que la différence ne soit pas altérée (42), et je dis : je retiens 1, et 8 font 9; de 13 reste 4.

§ III.

MULTIPLICATION DES FRACTIONS.

265. Premier cas. — Soit d'abord à multiplier $\frac{2}{3}$ par $\frac{5}{7}$.

D'après la définition de la multiplication (49), multiplier $\frac{2}{3}$ par $\frac{5}{7}$, c'est composer un produit avec le multiplicande $\frac{2}{3}$ comme le multiplicateur $\frac{5}{7}$ est composé avec l'unité. Or $\frac{5}{7}$ est composé en prenant 5 fois la 7ᵉ partie de l'unité ; donc le produit doit être composé en prenant 5 fois la 7ᵉ partie de $\frac{2}{3}$.

Cela posé, la 7ᵉ partie de $\frac{2}{3}$ est $\frac{2}{3\times 7}$; car, en multipliant le dénominateur 3 par 7, je rends la fraction $\frac{2}{3}$ 7 fois plus petite (224). Je dois prendre

5 fois la fraction $\frac{2}{3\times7}$, septième partie de $\frac{2}{3}$; c'est ce que je fais en multipliant le numérateur 2 par 5 (223); ce qui me donne pour résultat définitif $\frac{2\times5}{3\times7} = \frac{2}{3} \times \frac{5}{7} = \frac{10}{21}$. J'ai donc été conduit à multiplier les deux fractions, terme par terme, c'est-à-dire numérateur par numérateur et dénominateur par dénominateur.

Donc, *pour multiplier deux fractions l'une par l'autre, on les multiplie terme par terme.*

266. Deuxième cas. — Soit maintenant $\frac{2}{3}$ à multiplier par 5, c'est-à-dire une fraction par un nombre entier.

Multiplier $\frac{2}{3}$ par 5, c'est composer un produit avec $\frac{2}{3}$ comme 5 est composé avec l'unité. Or 5 est composé en prenant l'unité 5 fois; donc, je dois prendre 5 fois la fraction $\frac{2}{3}$. Je le fais en multipliant le numérateur 2 par 5 et en conservant le dénominateur 3 (223). J'ai ainsi $\frac{2}{3} \times 5 = \frac{2\times5}{3} = \frac{10}{3} = 3 + \frac{1}{3}$.

On pourrait aussi faire ce raisonnement :

$\frac{2}{3} \times 5 = \frac{2}{3} \times \frac{5}{1}$ (222) : or $\frac{2}{3} \times \frac{5}{1} = \frac{2\times5}{3\times1} = \frac{10}{3} = 3 + \frac{1}{3}$

Donc, *on multiplie une fraction par un nombre entier en multipliant le numérateur par ce nombre sans changer le dénominateur.*

267. Troisième cas. — Soit 2 à multiplier par $\frac{5}{7}$, c'est-à-dire un nombre entier par une fraction.

Multiplier 2 par $\frac{5}{7}$, c'est composer un produit avec 2 comme $\frac{5}{7}$ est composé avec l'unité. Or $\frac{5}{7}$ est composé en prenant 5 fois la 7e partie de l'unité; donc le produit cherché sera composé en prenant 5 fois la 7e partie de 2.

La 7e partie de 2 est $\frac{2}{7}$; je la prends 5 fois en écrivant $\frac{2\times5}{7} = \frac{10}{7} = 1 + \frac{3}{7}$.

On pourrait dire encore :

$$2 \times \frac{5}{7} = \frac{2}{1} \times \frac{5}{7} = \frac{2 \times 5}{1 \times 7} = \frac{10}{7} = 1 + \frac{3}{7}.$$

268. Quatrième cas. — Soit à multiplier $8\frac{2}{3}$ par $9\frac{5}{7}$, ou un nombre fractionnaire par un autre nombre fractionnaire.

On ramène ce cas au premier en transformant 8 en tiers et 9 en septièmes. On a ainsi :

$$8\frac{2}{3} = \frac{26}{3} \text{ et } 9\frac{5}{7} = \frac{68}{7}.$$

$$\frac{26}{3} \times \frac{68}{7} = \frac{26 \times 68}{3 \times 7} = \frac{1768}{21} = 84 + \frac{4}{21}.$$

269. Remarque. — On voit que le 2e et le 3e cas se ramènent au premier, en considérant le facteur entier comme ayant 1 pour dénominateur.

270. A la multiplication des fractions se rattachent les *fractions de fractions* et la *règle conjointe*.

Fractions de fractions.

271. Si, au lieu de prendre une fraction tout entière, on n'en prend qu'une partie, la moitié, le tiers, le quart, par exemple, on a ce qu'on appelle une *fraction de fraction*. On conçoit qu'au lieu de prendre cette fraction de fraction telle qu'elle est, on peut aussi n'en prendre qu'une partie : on obtient alors ce qu'on pourrait appeler une fraction de fraction de fraction, et ainsi de suite.

Soit d'abord à chercher les $\frac{2}{3}$ de $\frac{3}{4}$. Cela revient à prendre 2 fois le tiers de $\frac{3}{4}$, c'est-à-dire à multiplier $\frac{3}{4}$ par $\frac{2}{3}$. En effet, multiplier $\frac{3}{4}$ par $\frac{2}{3}$, c'est aussi prendre 2 fois le tiers de $\frac{3}{4}$ (266).

Or $\frac{3}{4} \times \frac{2}{3} = \frac{3 \times 2}{4 \times 3} = \frac{6}{12} = \frac{1}{2}$.

Soit à trouver les $\frac{2}{7}$ des $\frac{2}{3}$ de $\frac{3}{4}$. J'ai d'abord les

$\frac{2}{3}$ de $\frac{3}{4} = \frac{2 \times 3}{3 \times 4}$. J'ai ensuite à prendre les $\frac{2}{7}$ de cette nouvelle fraction, et j'obtiens $\frac{2 \times 3 \times 2}{3 \times 4 \times 7} = \frac{12}{84} = \frac{1}{7}$.

272. En général, *les fractions de fractions se calculent en multipliant successivement les fractions proposées, les unes par les autres, termes par termes; c'est-à-dire qu'on forme le produit de tous les numérateurs et qu'on place au-dessous le produit de tous les dénominateurs.*

273. Remarque I. — Comme le produit des numérateurs est un produit de nombres entiers, ce produit ne changera pas dans quelque ordre qu'on les multiplie (**55**). Il en est de même du produit des dénominateurs. Donc on peut multiplier successivement des fractions en les plaçant dans un ordre quelconque. Ainsi, j'ai

$$\frac{2}{3} \times \frac{5}{8} \times \frac{6}{11} \times \frac{7}{12} = \frac{6}{11} \times \frac{5}{8} \times \frac{7}{12} \times \frac{2}{3};$$

car, c'est comme si j'écrivais

$$\frac{2 \times 5 \times 6 \times 7}{3 \times 8 \times 11 \times 12} = \frac{6 \times 5 \times 7 \times 2}{11 \times 8 \times 12 \times 3},$$

égalité évidente, puisque les deux produits placés au-dessus des barres sont égaux entre eux et que les produits placés au-dessous le sont aussi. Donc, on peut étendre aux fractions ce théorème démontré pour les nombres entiers (**55**) : *un produit ne change pas dans quelque ordre qu'on place les facteurs.*

274. Remarque II. — S'il se trouvait des nombres entiers mêlés aux fractions, dans l'expression d'une fraction de fraction, on pourrait transformer ces entiers en fractions en leur donnant le dénominateur 1.

275. Remarque III. — Il est bon d'indiquer d'abord la multiplication des termes des fractions avant de l'effectuer, afin de voir s'il n'y a pas de simplifications à faire ; ensuite

1° On supprime les facteurs communs au produit des numérateurs et à celui des dénominateurs : on divisera ainsi par les mêmes nombres les deux termes de la fraction que composent les deux produits. En effet, supprimer un facteur dans un produit, c'est diviser le produit par le facteur supprimé. Par exemple, si, dans le produit $3 \times 4 \times 5 = 60$, je supprime le facteur 4, j'aurai $3 \times 5 = 15$, produit 4 fois plus petit que 60. — On peut le prouver par le raisonnement suivant. Le facteur supprimé pouvait être mis le dernier (55), et l'on aurait eu $3 \times 5 \times 4 = 3 \times 4 \times 5$. Or, si, dans $3 \times 5 \times 4$, je supprime le facteur 4, j'aurai 3×5 une fois au lieu de l'avoir 4 fois : j'aurai donc divisé par 4.

2° Si deux facteurs quelconques, pris l'un à la ligne des numérateurs et l'autre à la ligne des dénominateurs, sont divisibles par un même nombre, il y a encore lieu de faire une simplification, en divisant ces facteurs ; car on divisera par là même les deux produits (**52**).

276. Soit, comme application de ces remarques, le problème suivant. Quels sont les $\frac{2}{3}$ des $\frac{3}{4}$ des $\frac{5}{7}$ des $\frac{6}{11}$ des $\frac{14}{15}$ d'un jour ou de 24 heures ? soit x la réponse, j'aurai :

$$x = \frac{2 \times 3 \times 5 \times 6 \times 14 \times 24}{3 \times 4 \times 7 \times 11 \times 15 \times 1}$$

Supprimant le facteur commun 3 et le facteur inutile 1, divisant 2 et 4 par 2, divisant 5 et 15 par 5, divisant 14 et 7 par 7, j'ai :

$$x = \frac{6 \times 2 \times 24}{2 \times 11 \times 3} = \frac{6 \times 2 \times 24}{2 \times 11} = \frac{2 \times 24}{11} = \frac{48}{11} = 4^{h}\ \frac{4}{11} \text{ d'hre.}$$

Règle conjointe.

277. En voici un exemple. Sachant que 12 francs valent 3 roubles de Russie, que 8 roubles valent 15 florins de Hollande, que 5 florins valent 2 piastres d'Espagne, on demande combien 800 francs valent de piastres.

Je raisonne de la manière suivante :

Comme 12 francs valent 3 roubles, 1 franc vaut 12 fois moins ou $\frac{3}{12}$ de rouble.

Comme 8 roubles valent 15 florins, un rouble vaut $\frac{15}{8}$ de florin.

Comme 5 florins valent 2 piastres, un florin vaut $\frac{2}{5}$ de piastre.

Cela posé, 1 franc $= \frac{3}{12}$ de rouble, $= \frac{3}{12}$ des $\frac{15}{8}$ de florin, $= \frac{3}{12}$ des $\frac{15}{8}$ des $\frac{2}{5}$ de piastre; donc :
800 francs $=$ 800 fois $\frac{3}{12} \times \frac{15}{8} \times \frac{2}{5}$ de piastre.
800 fr. $= \frac{800 \times 3 \times 15 \times 2}{12 \times 8 \times 5}$ de piastre $= \frac{100 \times 3}{2} =$ 150 piastres.

§ IV.

DIVISION DES FRACTIONS.

278. Premier cas. — Soit à diviser la fraction $\frac{3}{7}$ par la fraction $\frac{4}{5}$.

J'appelle x le quotient cherché, et j'ai

$$\frac{3}{5} : \frac{4}{7} = x$$

De là, je tire $\frac{3}{7} = \frac{4}{5} \times x$ (car le dividende égale le diviseur multiplié par le quotient). Donc $\frac{3}{7} = 4$ fois la 5e partie de x. Donc le quart de $\frac{3}{7}$ ou $\frac{3}{7 \times 4} = 1$ fois la 5e partie de x, donc 5 fois $\frac{3}{7 \times 4}$ ou $\frac{5 \times 3}{7 \times 4} = 5$ fois la 5e partie de x, ou x tout entier.

Donc $x = \frac{3 \times 5}{7 \times 4} = \frac{3}{7} \times \frac{5}{4}$.

J'ai donc opéré comme si j'avais eu à multiplier $\frac{3}{7}$ par la fraction $\frac{5}{4}$, c'est-à-dire par la fraction diviseur renversée.

Donc, en général, *pour diviser une fraction par une*

fraction, on multiplie la fraction dividende par la fraction diviseur renversée.

Tous les autres cas peuvent se ramener à celui-ci, puisque l'on peut toujours transformer les entiers en fractions (222). Examinons-les néanmoins brièvement.

279. Deuxième cas. — Soit $3 : \frac{4}{5}$. Je pose $3 : \frac{4}{5} = x$; d'où $3 = x \times \frac{4}{5}$, c'est-à-dire que 3 contient 4 fois la 5e partie de x.

Donc le quart de 3 ou $\frac{3}{4} = \frac{x}{5}$ ou une fois la 5e partie de x.

Donc 5 fois $\frac{3}{4}$ ou $\frac{3 \times 5}{4} = x = 3 \times \frac{5}{4}$ ou $\frac{3}{1} \times \frac{5}{4}$

On divise donc un nombre entier par une fraction en multipliant le nombre entier par la fraction diviseur renversée.

280. Troisième cas. — Soit $\frac{3}{7} : 4$. Je pose $\frac{3}{7} : 4 = x$.

$$\text{J'ai } \frac{3}{7} = x \times 4.$$

Donc le quart de $\frac{3}{7}$ ou $\frac{3}{7 \times 4}$ ou $\frac{3 \times 1}{7 \times 4} = x$.

Donc *on divise une fraction par un nombre entier en multipliant le dénominateur de cette fraction par le nombre entier*, ou, ce qui revient au même, *on donne au nombre entier le dénominateur 1 et l'on multiplie la fraction dividende par la fraction diviseur renversée.*

281. Quatrième cas. — Soit enfin $8\,\frac{3}{7} : 12\,\frac{4}{5}$. Je transforme le dividende en 7mes et le diviseur en 5mes. J'ai ainsi :

$$\frac{59}{7} : \frac{64}{5} = \frac{59}{7} \times \frac{5}{64} = \frac{295}{448}.$$

282. Remarque I. — En résumant ce que nous avons dit sur la multiplication et la division des nombres fractionnaires, nous pouvons conclure que tout se réduit dans la pratique à savoir multiplier et diviser une fraction par une fraction. Or, on multiplie une fraction par une fraction, en multipliant les termes de la 1re par les termes de la 2e sans renversement, et on divise une fraction par une autre fraction, en multipliant les termes de la 1re par les termes de la 2e renversée.

283. Remarque II. — Quand on multiplie par une fraction plus petite que l'unité, par $\frac{2}{3}$, par exemple, on trouve un produit plus petit que le multiplicande. En effet, pour former ce produit, on prend seulement les $\frac{2}{3}$ du multiplicande, ou deux fois le tiers, tandis qu'il faudrait le prendre 3 fois pour avoir le multiplicande tout entier.

284. Remarque III. — Quand on divise par une fraction plus petite que l'unité, par $\frac{2}{3}$ par exemple, on trouve un quotient plus grand que le dividende. En effet, le quotient multiplié par $\frac{2}{3}$ reproduira le dividende : or, comme nous venons de le voir, on diminue une quantité en la multipliant par $\frac{2}{3}$. Il faut donc que le quotient soit plus grand que le dividende.

285. Remarque IV. — Multiplier par une fraction, par $\frac{3}{4}$, par exemple, c'est prendre 3 fois le quart du multiplicande, c'est-à-dire faire successivement sur le multiplicande la division par 4 et la multiplication par 3. — De même, diviser par $\frac{3}{4}$, c'est multiplier par $\frac{4}{3}$, c'est-à-dire faire successivement sur le dividende la division par 3 et la multiplication par 4. — La multiplication et la division par une fraction sont donc des opérations complexes qui reviennent à faire successivement une multiplication et une division par des nombres entiers.

CHAPITRE II.

Proportions.

ARTICLE I.

NATURE ET PROPRIÉTÉS DES PROPORTIONS.

286. Une proportion est *une proposition qui exprime que deux rapports sont égaux.*

287. Le *rapport* de deux nombres est le quotient du premier divisé par le second. Le premier nombre s'appelle l'*antécédent*, le second s'appelle le *conséquent*. Ainsi le rapport de 15 à 5 est 3, parce que $15 : 5 = 3$; et 15 est l'antécédent, 5 le conséquent.

288. Comme le quotient d'un nombre divisé par un autre est égal à la fraction qui a le premier nombre pour numérateur et le deuxième pour dénominateur (**69**), on peut en conclure qu'un rapport est la même chose qu'une fraction. Les trois mots : *quotient*, *rapport*, *fraction* présentent donc la même signification.

289. Remarque. — La fraction $\frac{7}{15}$ est, comme on l'a vu (**70**), le quotient de 7 divisé par 15. On peut dire aussi que la fraction $\frac{7}{15}$ représente ce que 7 est par rapport à 15. Le nombre 7 est les $\frac{7}{15}$ de 15, car il vaut 7 fois l'unité qui est la 15e partie de 15. On voit par là pourquoi l'on dit que $\frac{7}{15}$ est le *rapport* de 7 à 15.

290. Ainsi, une proportion est l'égalité de deux *rapports*, ou bien de deux *fractions*, ou bien de deux *quotients*.

Voici un exemple de proportion :

$$\frac{15}{5} = \frac{24}{8}.$$

291. On peut lire cette proportion de trois manières :

1° 15 divisé par 5 égale 24 divisé par 8;
2° 15 cinquièmes égalent 24 huitièmes;
3° 15 est à 5 comme 24 est à 8.

On écrivait autrefois la même proportion ainsi :

15 : 5 :: 24 : 8.

292. Le premier antécédent et le second conséquent s'appellent *extrêmes*, parce qu'ils sont au commencement et à la fin de la proportion. Le premier conséquent et le second antécédent s'appellent *moyens*, parce qu'ils occupent les deux places du milieu. 15 et 8 sont les extrêmes de la proportion donnée ci-dessus, 5 et 24 sont les moyens.

Puisqu'une proportion n'est que l'égalité de deux quotients, ou de deux fractions, il en résulte que, sans détruire la proportion, c'est-à-dire sans que les deux rapports cessent d'être égaux,

293. 1° *On peut multiplier ou diviser par un même nombre les deux termes de chaque rapport.*

En effet, un quotient et une fraction ne changent pas de valeur, quand le dividende et le diviseur (**90**), ou bien le numérateur et le dénominateur (**225**) sont, en même temps, soit multipliés, soit divisés par le même nombre. Exemple : si l'on a la proportion

$$\frac{8}{24} = \frac{12}{36},$$

on aura aussi, en divisant par 4 les termes du premier rapport et par 3 ceux du second,

$$\frac{2}{6} = \frac{4}{12}$$

294. 2° *On peut ajouter à chaque antécédent son conséquent dans les deux rapports.*

En effet, dans la proportion

$$\frac{5}{8}=\frac{15}{24},$$

on peut ajouter 1 à chaque rapport, et l'on aura

$$\frac{5}{8}+1=\frac{15}{24}+1,$$

ou bien $\frac{5}{8}+\frac{8}{8}=\frac{15}{24}+\frac{24}{24}$ ou $\frac{5+8}{8}=\frac{15+24}{24},$

$$\text{ou } \frac{13}{8}=\frac{39}{24},$$

Les deux rapports *sont changés*; mais, comme ils subissent le même changement, *ils sont encore égaux.*

295. 3° *On peut intervertir l'ordre des termes de chaque rapport, c'est-à-dire mettre chaque antécédent à la place de son conséquent.*

$$\text{Soit } \frac{5}{8}=\frac{15}{24}.$$

$$\text{Évidemment } 1:\frac{5}{8}=1:\frac{15}{24},$$

$$\text{c'est-à-dire } 1\times\frac{8}{5}=1\times\frac{24}{15}\ \textbf{(279)},$$

$$\text{ou } \frac{8}{5}=\frac{24}{15}.$$

296. 4° *Le premier antécédent est au second antécédent, comme le premier conséquent est au second conséquent.*

Car, dans la proportion

$$\frac{5}{8}=\frac{15}{24},$$

multiplions les deux termes de chaque rapport par

la fraction $\frac{8}{15}$ (qui exprime le rapport du premier conséquent au second antécédent), nous aurons

$$\frac{5}{8} \times \frac{8}{15} = \frac{15}{24} \times \frac{8}{15},$$

$$\text{ou } \frac{5 \times 8}{8 \times 15} = \frac{15 \times 8}{24 \times 15};$$

d'où l'on tire, en supprimant, dans le premier rapport, 8, facteur commun, et dans le second, 15, également facteur commun,

$$\frac{5}{15} = \frac{8}{24}.$$

297. On pourrait, par des raisonnements semblables, déduire de la définition même des proportions toutes les nombreuses propriétés qu'elles présentent; mais on préfère ordinairement les tirer des deux théorèmes suivants.

298. Théorème I. *Si quatre nombres sont en proportion, le produit des deux extrêmes égale le produit des deux moyens.*

Soit la proportion

$$\frac{9}{15} = \frac{12}{20}.$$

Je réduis les deux fractions au même dénominateur et j'ai

$$\frac{9 \times 20}{15 \times 20} = \frac{12 \times 15}{20 \times 15}.$$

Les deux fractions n'ont pas cessé d'être égales **(225)** et elles ont le même dénominateur : donc leurs numérateurs sont égaux. Autrement, on aurait deux nombres inégaux de parties égales de l'unité, ce qui donnerait des fractions inégales. Donc $9 \times 20 = 12 \times 15$, ou le produit des extrêmes égale le produit des moyens.

299. Théorème II. — *Si un produit de deux facteurs égale le produit de deux autres facteurs, on peut* *en tirer huit proportions, en prenant pour extrêmes les facteurs de l'un des produits, et pour moyens les facteurs de l'autre.*

Soit $9 \times 20 = 12 \times 15$.

Je multiplie un des facteurs du premier produit par un des facteurs du second, 9 par 12, par exemple; et, divisant par 9×12 les deux produits donnés, j'ai

$$\frac{9 \times 20}{9 \times 12} = \frac{12 \times 15}{9 \times 12}.$$

Supprimant les facteurs communs, j'obtiens

(1) $$\frac{20}{12} = \frac{15}{9}.$$

Si je divise les produits égaux 9×20 et 12×15 par 9×15, j'ai

$$\frac{9 \times 20}{9 \times 15} = \frac{12 \times 15}{9 \times 15}; \text{ d'où}$$

(2) $$\frac{20}{15} = \frac{12}{9}.$$

Si je divise les mêmes produits par 20×12, j'ai

$$\frac{9 \times 20}{20 \times 12} = \frac{12 \times 15}{20 \times 12}; \text{ d'où}$$

(3) $$\frac{9}{12} = \frac{15}{20}.$$

Si je divise par 20×15, j'ai

$$\frac{9 \times 20}{20 \times 15} = \frac{12 \times 15}{20 \times 15}; \text{ d'où}$$

(4) $$\frac{9}{15} = \frac{12}{20}.$$

Changeant l'ordre des rapports, ce qui est évidemment permis, je tire de la propor^tion (1) $\frac{20}{12} = \frac{15}{9}$ la propor^tion (5) $\frac{15}{9} = \frac{20}{12}$

— (2) $\frac{20}{15} = \frac{12}{9}$ — (6) $\frac{12}{9} = \frac{20}{15}$

— (3) $\frac{9}{12} = \frac{15}{20}$ — (7) $\frac{15}{20} = \frac{9}{12}$

— (4) $\frac{9}{15} = \frac{12}{20}$ — (8) $\frac{12}{20} = \frac{9}{15}$

300. Donc, de l'égalité $9 \times 20 = 12 \times 15$, je tire huit proportions. Dans les quatre premières, 9 et 20, facteurs du premier produit donné, sont extrêmes; dans les quatre dernières, ils sont moyens. Quand à 12 et 15, facteurs du second produit donné, ils sont moyens, dans les quatre premières proportions, et extrêmes, dans les quatre dernières.

301. On reconnait facilement que les 4 premières proportions sont les seules qu'on puisse obtenir en s'astreignant à prendre 9 et 20 comme extrêmes : car, 20 étant premier extrême, et 9, dernier extrême, on ne peut disposer les moyens que dans l'ordre 12 et 15 (1), ou dans l'ordre 15 et 12 (2). Donc, il y a deux proportions commençant par 20 et finissant par 9. Il y en a de même deux commençant par 9 et finissant par 20, c'est-à-dire (3) et (4), et il ne peut y en avoir plus de deux.

Donc les 4 premières proportions sont les seules où 20 et 9 soient extrêmes. Par la même raison, les 4 dernières sont les seules où 9 et 20 soient moyens. On peut raisonner de même sur 12 et 15. Donc, de l'égalité $9 \times 20 = 12 \times 15$, on peut conclure la vérité de toute proportion où 9 et 20 sont en même temps extrêmes, pendant que 12 et 15 sont moyens; ainsi que de celles où 12 et 15 sont extrêmes, pendant que 9 et 20 sont moyens.

Donc, *si un produit de deux facteurs est égal au produit de deux autres facteurs, on peut en tirer huit proportions, en prenant, dans un ordre quelconque, les facteurs de l'un des produits pour extrêmes, et les facteurs de l'autre produit pour moyens.*

302. Corollaire I. — *Pour s'assurer de la vérité d'une proportion, il suffit de voir si le produit des extrêmes égale celui des moyens.*

En effet, si ces deux produits sont reconnus égaux, on pourra, en s'appuyant sur le théorème II, en tirer la proportion qu'il s'agit de vérifier.

Soit à vérifier la proportion $\frac{7}{15} = \frac{21}{45}$.

Comme $7 \times 45 = 315$, et comme $15 \times 21 = 315$, je conclus que $7 \times 45 = 15 \times 21$, et, de ces deux produits égaux, je tire la proportion

$$\frac{7}{15} = \frac{21}{45}.$$

303. Corollaire II. — *Une proportion peut, sans cesser d'être vraie, s'écrire de huit manière différentes.*

Car, soit la proportion $\frac{20}{12} = \frac{15}{9}$, que je suppose vraie; j'en conclus, en vertu du théorème I, que $20 \times 9 = 12 \times 15$; et en vertu du théorème II, qu'on peut tirer de ces deux produits égaux huit proportions différentes.

304. Corollaire III. — *Quand on connaît 3 termes dans une proportion, on peut facilement trouver le quatrième.*

Si le terme inconnu est un extrême, on divise le produit des moyens par l'extrême connu.

Si le terme inconnu est l'un des moyens, on divise le produit des extrêmes par le moyen connu.

En effet, si le terme cherché est un extrême, on connaît d'avance le produit des deux extrêmes (il égale celui des moyens) et l'un de ces extrêmes : la division fera connaître l'autre (65).

Le raisonnement est tout semblable, si le terme inconnu est un moyen.

On désigne ordinairement par x le terme inconnu.

Soit pour exemple la proportion $\frac{7}{15} = \frac{21}{x}$.

Je sais que $7 \times x = 21 \times 15$. Donc je connais le

produit de 7 par x (il égale 21×15). Si je divise ce produit par 7, facteur connu, j'aurai pour quotient x, facteur inconnu. Donc

$$x = \frac{15 \times 21}{7} = 45.$$

Soit encore $\frac{7}{15} = \frac{x}{45}$.

J'ai $15 \times x = 7 \times 45$; d'où je tire

$$x = \frac{7 \times 45}{15} = 21.$$

Calculer ainsi l'un des termes d'une proportion à l'aide des trois autres, c'est ce que l'on appelle *résoudre la proportion*.

305. Théorème III. — *Dans une suite de rapports égaux, la somme des antécédents est à la somme des conséquents comme un antécédent quelconque est à son conséquent.*

Soient les rapports égaux : $\frac{2}{3} = \frac{4}{6} = \frac{8}{12} = \frac{10}{15} = \frac{12}{18}$.

Je dis qu'on a $\frac{2 + 4 + 8 + 10 + 12}{3 + 6 + 12 + 15 + 18} = \frac{2}{3}$. (1)

En effet, si, dans la proportion (1), je forme le produit des extrêmes et celui des moyens, j'obtiens pour produit des extrêmes :

$$2 \times 3 + 4 \times 3 + 8 \times 3 + 10 \times 3 + 12 \times 3\,;$$

et pour produit des moyens :

$$3 \times 2 + 6 \times 2 + 12 \times 2 + 15 \times 2 + 18 \times 2.$$

Or, ces deux produits sont égaux ; car ils se composent chacun de 5 parties respectivement égales entre elles. En effet :

1° $2 \times 3 = 3 \times 2$;
2° $4 \times 3 = 6 \times 2$; car on avait $\frac{2}{3} = \frac{4}{6}$, d'où $2 \times 6 = 4 \times 3$
3° $8 \times 3 = 12 \times 2$; — — $\frac{2}{3} = \frac{8}{12}$, — $2 \times 12 = 8 \times 3$
4° $10 \times 3 = 15 \times 2$; — — $\frac{2}{3} = \frac{10}{15}$, — $2 \times 15 = 3 \times 10$
5° $12 \times 3 = 18 \times 2$; — — $\frac{2}{3} = \frac{12}{18}$, — $2 \times 18 = 3 \times 12$ (298).

Donc, dans la proportion (1), le produit des extrêmes égale le produit des moyens ; donc cette proportion est vraie (**302**).

Il est clair qu'au lieu du rapport $\frac{2}{3}$, on pourrait écrire, comme second rapport, dans la proportion (1), n'importe lequel des rapports égaux donnés, soit $\frac{4}{6}$, soit $\frac{8}{12}$, soit $\frac{10}{15}$, soit $\frac{12}{18}$; donc le théorème III est démontré.

306. Théorème IV. — *Quand on a deux proportions, on peut les multiplier terme par terme ; et les produits ainsi obtenus formeront une proportion.*

Soient : (1) $\frac{7}{15} = \frac{21}{45}$

et (2) $\frac{2}{5} = \frac{4}{10}$.

Je dis que j'ai la proportion $\frac{7 \times 2}{15 \times 5} = \frac{21 \times 4}{45 \times 10}$.

En effet deux produits sont égaux, quand les facteurs du premier produit sont égaux aux facteurs du second.

Donc j'ai

$$\frac{7}{15} \times \frac{2}{5} = \frac{21}{45} \times \frac{4}{10} ;$$

ou, ce qui revient au même, j'ai

$$\frac{7 \times 2}{15 \times 5} \times \frac{21 \times 4}{45 \times 10} ;$$

Pour la même raison, on aurait encore une proportion, si l'on multipliait terme par terme un nombre quelconque de proportions données ; ou bien si l'on multipliait chaque terme d'une proportion 1 fois, 2 fois, 3 fois, etc., par lui-même. Ainsi, par exemple, de la proportion $\frac{3}{7} = \frac{6}{14}$, qu'on peut écrire deux fois ainsi

$$\frac{3}{7} = \frac{6}{14}$$
$$\frac{3}{7} = \frac{6}{14},$$

en multipliant termes par termes, on tire la proportion

$$\frac{3 \times 3}{7 \times 7} = \frac{6 \times 6}{14 \times 14}.$$

ARTICLE II.

USAGE DES PROPORTIONS.

307. Les proportions peuvent servir à résoudre toutes les questions traitées dans le Chapitre V de la première partie. Dans toutes ces questions, en effet, on considère des quantités qui forment des rapports égaux et donnent lieu, par conséquent, à des proportions.

308. Ainsi, soit à résoudre le problème proposé au n° **178**.

Fait . . . : 7 ouvriers ont fait 35 mètres d'ouvrage.
Question : 21 — feront x —

Je reconnais facilement que, si le nombre des ouvriers est doublé, triplé, etc., le nombre des mètres est également doublé, triplé, etc.; c'est-à-dire que $\frac{7}{21}$, rapport des deux nombres d'ouvriers, égale $\frac{35}{x}$, rapport des deux nombres de mètres.

J'ai donc la proportion $\frac{7}{21} = \frac{35}{x}$; d'où (**304**)

$$x = \frac{35 \times 21}{7} = 105 \text{ mètres.}$$

309. Soit encore le problème du n° **180**.

Fait . . . : 12 ouvriers ont travaillé 25 jours.
Question : 15 — travailleront x jours.

On voit encore ici que le rapport des deux nombres d'ouvriers est égal au rapport des deux nombres de jours; mais, comme plus il y a d'ouvriers, moins il faut de jours de travail, il en résulte que le nombre x est plus petit que 25, comme 12 est plus petit que 15. On a donc

$$\frac{x}{25} = \frac{12}{15};$$

$$\text{d'où } x = \frac{25 \times 12}{15} = 20 \text{ jours.}$$

La règle de *trois simple* se ramène donc facilement aux proportions, quand elle est *inverse*, comme lorsqu'elle est *directe* : seulement les deux rapports ne s'écrivent pas de la même manière dans les deux cas.

310. L'un des rapports est toujours formé par les deux *principales*; l'autre est formé par les deux *relatives*. Quand la règle est *directe*, chaque relative se place *directement*, c'est-à-dire en face de la principale à laquelle elle se rapporte (voyez le 1er problème ci-dessus). Si la règle est *inverse*, on *renverse* l'ordre des relatives, c'est-à-dire que la relative de la *question* se place en face de la principale du *fait* (voyez le 2e problème ci-dessus).

311. Remarque. — En résolvant le 1er problème ci-dessus, on a écrit : $x = \frac{35 \times 21}{7}$; on aurait pu écrire aussi bien : $x = 35 \times \frac{21}{7}$. De même, dans le second problème, on aurait pu écrire : $x = 25 \times \frac{12}{15}$. D'où l'on peut tirer le procédé suivant :

La relative cherchée (ou x) égale la relative connue, multipliée par le rapport des deux principales. Si la règle est directe, le rapport des deux principales est direct, c'est-à-dire qu'il a pour numérateur la principale à laquelle x se rapporte. Si la règle est inverse, le rapport des deux principales est inverse, c'est-à-dire que le numérateur est la principale à laquelle x ne se rapporte pas.

Ce procédé est du reste le même que avons donné au Chapitre V de la première partie, n° **184**.

312. La règle de *trois composée* étant, comme on l'a vu, composée de plusieurs règles de trois simples, peut aussi la ramener aux proportions. Seulement, il est bon de remarquer que, les relatives étant toujours au nombre de deux seulement, il y a autant de couples de principales qu'il y a d'espèces de quantités toutes deux connues.

On peut énoncer ainsi le procédé pratique indiqué (**189, 190, 191**) pour résoudre la règle de trois composée :

313. *La relative cherchée égale la relative connue, multipliée successivement par tous les rapports qu'on peut former en prenant deux à deux les principales de même espèce. En écrivant chaque rapport, il faut examiner s'il influe sur la relative d'une manière directe ou inverse, et choisir le numérateur en conséquence.*

314. Soit pour application le problème proposé au n° **191.**

Fait :	42 maç.	11 h.	8. j.	257 m. long.	2 m. 23 h.	0 m. 65 ép.
Quest. :	53......	10 ..	x ..	317.........	1 m. 85 :.	0 m. 52 ..?
	inv.	inv.		dir.	dir.	dir.

$$\text{On pose } x = 8 \times \frac{42}{53} \times \frac{11}{10} \times \frac{317}{257} \times \frac{1,85}{2,23} \times \frac{0,52}{0,65}.$$

On reconnaît en effet que, *plus* il y a de maçons, *moins* il faut de jours : donc le nombre des maçons influe sur la relative x d'une manière *inverse;* il en est de même du nombre d'heures. Au contraire, les trois derniers groupes de principales influent sur x d'une manière directe.

315. Dans les problèmes d'*intérêt simple,* on voit que l'intérêt est en raison directe du capital placé, du taux de l'intérêt et du temps pendant lequel cet intérêt court.

Soit le problème résolu au n° **196** ci-dessus : 628 fr. 43 ont été placés à 5 0/0 pendant 3 ans : on demande quel intérêt cette somme a rapporté.

Fait. . . . : 100 fr. rapportent 5 fr. $\times$ 3 ou 15 fr.
Question : 628 fr. 43 — — x

Le rapport de 100 fr. à 628 fr. 43 étant égal au rapport de 15 fr. à x, j'ai

$$\frac{100}{628,43} = \frac{15}{x};$$

$$\text{d'où } x = \frac{628,43 \times 15}{100} = 94 \text{ fr. } 26.$$

316. Dans le problème de *répartition*, résolu au n° **211**, 4 négociants ont gagné ensemble 8742 fr. Le 1er avait mis dans la société 3463 fr; le 2e, 7586 fr.; le 3e, 9231 fr., et le 4e 3689 fr. On demande combien il revient à chacun.

On a la proportion suivante : la somme des mises est à chaque mise partielle comme la somme des bénéfices est à chaque bénéfice partiel. La somme des mises étant **23** 969 francs, on a

$$(1)\ \frac{23969}{3463} = \frac{8742}{x};\ \text{d'où } x = \frac{8742 \times 3463}{23969} = 1263 \text{ fr. } 03.$$
$$(2)\ \frac{23969}{7586} = \frac{8742}{x};\ \text{d'où } x = \frac{8742 \times 7586}{23969} = 2766 \text{ fr. } 77.$$
$$(3)\ \frac{23969}{9231} = \frac{8742}{x};\ \text{d'où } x = \frac{8742 \times 9231}{23969} = 3366 \text{ fr. } 74.$$
$$(4)\ \frac{23969}{3689} = \frac{8742}{x};\ \text{d'où } x = \frac{8742 \times 3689}{23969} = 1345 \text{ fr. } 46.$$

CHAPITRE III.

Nombres complexes.

316. Pour mesurer les quantités, on divise ordinairement l'unité principale en unités plus petites. C'est ainsi que, dans le système métrique, on divise le mètre en décimètres, centimètres et millimètres; le litres en décilitres et centilitres. Les unités métriques se subdivisant en parties *décimales*, c'est-à-dire de dix en dix fois plus petites, peuvent se calculer d'après les règles indiquées pour les nombres décimaux; et nous avons vu que c'est au fond la même manière d'opérer que s'il s'agissait de nombres entiers.

317. Mais il y a des unités qu'on n'a pas l'usage de diviser en parties décimales : c'est ainsi, par exemple, que le jour se divise en 24 heures, l'heure en 60 minutes, et la minute en 60 secondes. De même, chez les Anglais, le *yard* (mesure qui vaut 914 millimètres) se divise en trois pieds, et le pied en 12 pouces. Quand on fait usage d'unités à divisions non décimales, on obtient des nombres dont le calcul est plus *compliqué* que celui des nombres décimaux : on les appelle *nombres complexes*. En France, depuis l'introduction du système métrique, les seules unités qui donnent lieu à des nombres complexes sont les unités de *temps* et d'*angle*.

318. L'unité de temps est le *jour*, qui comprend 24 heures, composées chacune de 60 minutes, dont chacune renferme 60 secondes. Aujourd'hui, les astronomes, qui sont les seuls à fractionner la seconde, la divisent en parties décimales, c'est-à-dire en dixièmes, centièmes et millièmes. Autrefois la seconde se partageait en 60 tierces.

Pour désigner les jours, les heures, les minutes et les secondes de temps, on emploie les abréviations : j., h., m., s.; Ex. : 25 j., 9 h., 48 m., 34 s.

319. Comme on le prouve en géométrie, on mesure un angle en mesurant l'arc de cercle compris entre ses côtés, lorsque le centre de ce cercle est au sommet de l'angle. La mesure des angles se ramène donc à la mesure des arcs, c'est-à-dire des circonférences.

Or, toute circonférence se divise en 360 parties égales appelées *degrés*; chaque degré se divise en 60 parties égales appelées *minutes*; chaque minute en 60 parties égales appelées *secondes*. On désigne d'une manière abrégée le degré par le signe ° la minute d'angle par un accent aigu ', et la seconde d'angle par deux accents aigus ", placés à droite et vers le haut du nombre. Ainsi, 87° 38′ 47″ se lisent : 87 degrés, 38 minutes, 47 secondes.

320. Nous exposerons 1° les transformations qu'on peut faire subir aux nombres complexes ; 2° la manière d'effectuer sur ces nombres les quatre opérations principales : l'addition, la soustraction, la multiplication et la division.

ARTICLE III.

TRANSFORMATIONS DES NOMBRES COMPLEXES.

321. On peut en faire quatre : 1° extraire les unités d'ordre supérieur, s'il y en a ; 2° réduire les unités supérieures en unités inférieures ; 3° changer les nombres complexes en nombres décimaux ; 4° changer les nombres décimaux en nombres complexes.

322. Premier problème. — *Évaluer 3 827 425 secondes de temps en jours, heures, minutes et secondes.*

1° J'aurai autant de minutes que j'aurai de fois 60 s. : Je divise donc par 60.

3 827 425 : 60 = 63 790 minutes, + 25 secondes.

2° J'aurai autant d'heures que 63 790 m. renferment de fois 60 m. Je divise donc encore par 60.

63 790 : 60 = 1 063 heures + 10 minutes.

3° J'aurai autant de jours que j'aurai de fois 24 h. dans 1 063 h.

1 063 : 24 = 44 jours, + 7 heures.

Donc 3 827 425 s. = 44 j. 7 h. 10 m. 25 s.

323. Remarque. — On peut diviser par 60, en divisant successivement par 10 et par 6 (87) : seulement il faut observer qu'en divisant par 6 le dixième du nombre, on obtient un reste 10 fois trop petit. Rien de plus aisé que de lui donner sa véritable valeur. Ainsi, au lieu de diviser 3 827 425 par 60, on peut prendre le dixième de 3 827 425, qui est 382 742,5, et diviser ce dixième par 6; on aura pour quotient 63 790 et pour reste 2,5. Mais comme le dividende employé n'est que la dixième partie du nombre qu'il s'agissait de diviser, le reste véritable est 2,5 × 10 ou 25. — Pour diviser par 24, on peut diviser d'abord par 2 et ensuite par 12 : seulement le reste obtenu en divisant par 12 doit être doublé. Les calculs peuvent se disposer ainsi :

	3 827 425 s.	= 44 j. 7 h. 10 m. 25 s.
60e	63 790 m.	25 s.
60e	1 063 h.	10 m.
$\frac{1}{2}$	531,5	
12e	44 j.	7 h.

324. 2e Problème. — Réduire en secondes 44 j. 7 h. 10 m. 25 s.

On transforme les jours en heures, en multipliant par 24 et en ajoutant au produit les 7 heures données. On multiplie les heures par 60, pour les changer en minutes; et on ajoute au produit les dix minutes données, et ainsi de suite.

Les calculs peuvent se disposer ainsi :

	44 j.
× 2	88
× 12	1 056
+ 7	1 063 h.
× 60	63 780
+ 10	63 790 m.
× 60	3 827 400
+ 25	3 827 425 s.

325. 3e Problème. — Soit à changer 44 j. 7 h. 10 m. 25 s., en jours et fraction décimale de jour.

On transforme en secondes les heures et les minutes; et, comme chaque seconde est $\frac{1}{86400}$ du jour, on a une fraction que l'on réduit en décimales. Voici le calcul :

	7 h.
× 60	420
+ 10	430 m.
× 60	25800
+ 25	25825 s.

on a 25 825 s. $= \frac{25825}{86400}$ de jour.

```
258,25  | 864
8545    |----------
 7690   | 0,2989004
  7780
    4000
     544
```

Donc 44 j. 7 h. 10 m. 25 s. = 44 j. 2989004.

326. 4e Problème. — Changer 44 j., 2989004 en nombre complexe, c'est-à-dire en jours, heures, minutes et secondes.

La fraction de jour 0,2989004, deviendra 24 fois plus grande, si on la change en une fraction d'heure ; car, dans une durée quelconque, il y a évidemment 24 fois plus d'heures et de parties d'heure, qu'il n'y a de jours et de parties de jour.

```
0 j., 2989004
         × 24
-------------
     11956016
     5978008
-------------
   7h1736096
```

Il y a donc 7 h. 1736096.

La fraction d'heure multipliée par 60 deviendra un nombre de minutes =

```
0h, 1736096
       × 60
-----------
10m4165760
```

La fraction de minute multipliée par 60, deviendra un nombre de secondes =

$$\begin{array}{r} 0^{m},416576 \\ \times\ 60 \\ \hline 24^{s},994560 \end{array}$$

Donc 44 j., 2989004 = 44 j. 7 h. 10 m. 24 s. 994.

La fraction de seconde 0 s., 994, étant plus grande que la moitié d'une seconde, il convient, si l'on ne veut pas conserver de fraction de seconde, d'écrire 25 s. au lieu de 24 s. D'ailleurs, il ne manque à 0 s., 994 que 6 millièmes de seconde, pour faire une seconde entière.

ARTICLE II.

CALCUL DES NOMBRES COMPLEXES.

327. On suit les mêmes procédés que pour les nombres entiers, excepté quand il s'agit de passer d'un ordre d'unités à un autre ordre supérieur ou inférieur. On doit se rappeler alors combien il faut d'unités de chaque ordre pour faire une unité de l'ordre supérieur.

328. Problème I. — Additionner les nombres suivants :

	4 j.	15 h.	53 m.	27 s.
	7	13	17	52
	25	37	18	42
	18	9	47	13
Total provisoire....	54 j.	74 h.	135 m.	134 s.
Total définitif....	57 j.	4 h.	17 m.	14 s.

	35°	15′	23″, 45
	68	13	42 , 73
	27	51	19 , 28
Total provisoire....	130°	79′	85″, 46
Total définitif....	131°	20′	25″, 46

En additionnant séparément chaque espèce d'unités, je trouve 54 j. 74 h. 135 m. 134 s. Mais, dans 134 s., je garde seulement 14 s. et je retiens 120 s. ou 12 dizaines de secondes, qui font 2 minutes; j'ai donc en tout 137 m., sur lesquelles j'écris 17 m. et je retiens 12 dizaines de minutes, qui font 2 h. : j'ai ainsi 76 h., sur lesquelles j'écris 4 h. et je retiens 72 h. qui font 3 jours; de sorte que j'ai en tout 57 jours. — Avec un peu d'exercice, on peut écrire le total définitif, sans passer par le total provisoire.

329. Problème II. —

De....	23 j.	8 h.	25 m.	28 s., 5
retrancher....	9	13	13	49 , 3
	13 j.	19 h.	11 m.	39 s., 2

Je dis : 3 de 5, reste 2 ; j'écris la virgule ; 9 de 18, reste 9, et retiens 1 ; et 4 font 5. J'ai 5 dizaines de secondes à retrancher de 2 dizaines, soustraction impossible. Alors je suppose qu'il y a au minuende 6 dizaines de secondes de plus, qui valent 1 minute ; ce qui fait 8 dizaines en tout. Je retranche 5 de 8, il reste 3, je retiens 1 minute (qui équivaut aux 6 dizaines de secondes introduites au minuende), et je retranche 4 m. de 5 m., reste 1 ; puis 1 de 2, reste 1. J'ai ensuite à retrancher 13 h. de 8 h. Pour rendre la soustraction possible, j'ajoute 24 h. (qui font un jour) au minuende, et je dis : 13 de 32, reste 19, et je retiens 1 jour, et 9 jours font 10 j. ; de 23 j., reste 13 j.

En opérant ainsi, j'ai augmenté le minuende de 60 s., mais j'ai augmenté le minuteur d'une minute ; j'ai augmenté le minuende de 24 h., mais j'ai augmenté le minuteur d'un jour ; de cette manière, la différence est restée la même, parce que, la différence de deux nombres n'est pas changée, lorsqu'on ajoute à chacun d'eux la même quantité (42).

330. Problème III. — Multiplier par 7 le nombre complexe 8 j. 11 h. 42 m. 53 s.

Dans le cas où, comme dans cet exemple, le multiplicateur est un nombre entier assez petit, il convient de multiplier séparément chaque espèce d'unités et de réduire, quand il y a lieu, les unités inférieures en unités supérieures. Le procédé ressemble à celui qui a été employé pour le problème I.

	8 j.	11 h.	42 m.	53 s.
Produit provisoire...	56 j.	77 h.	294 m.	371 s.
Produit définitif...	59 j.	10 h.	0 m.	11 s.

Dans 371 secondes du produit provisoire, j'ai 6 fois 6 dizaines de secondes ou 6 m., et en plus 11 s. que j'écris. Les 6 minutes retenues ajoutées à 294 m. font 300 m., ou 5 fois 6 dizaines de minutes, ou 6 h., sans aucun excédant; c'est pourquoi j'écris 0 minute au produit définitif. 5 h. et 77 h. font 82 h., c'est-à-dire 10 h. que j'écris, plus 3 jours que je retiens pour les ajouter à 56 jours, ce qui donne en tout 59 jours.

331. **Problème IV.** — Le soleil parcourant en moyenne chaque jour 0°59 ′ 8 ″ 33 sur l'écliptique, on demande combien il parcourra dans 43 j. 7 h. 17 m. 52 s.

Je réduis d'abord en secondes de degré le multiplicande 0° 59 ′ 8 ″ 33; je trouve ainsi 3 548 ″ 33. Je réduis ensuite en secondes de temps le multiplicateur, et je retrouve 3 741 472 s., c'est-à-dire $\frac{3\,741\,472}{86400}$ de jour, fraction par laquelle je multiplie 3 548 ″ 33. Pour cela, je multiplie 3 548 ″ 33 par le numérateur, ce qui donne 13 275 977 341,76, et, divisant par 86 400, j'obtiens 153 657 ″ 15, que je transforme (322) en 42° 40 ′ 57 ″ 15.

332. **Problème V.** — Diviser par 7 le nombre complexe 59 j. 10 h. 0 m. 11 s.

Je divise 59 jours par 7 : j'ai pour quotient 8 jours, et pour reste 3 jours. Je réduis ces trois jours en heures; j'ai ainsi 72 h. qui, ajoutées aux 10 h. du dividende, font 82 h. Divisant par 7, j'ai pour quotient 11 h., et pour reste 5 h., qui font 300 m. En divisant par 7, j'obtiens 42 m. et j'ai pour reste 6 m., qui font 360 secondes; ajoutant les 11 secondes du dividende, j'ai 371 secondes que je divise par 7, et j'obtiens ainsi 53 s. Donc le quotient complet est 8 j. 11 h. 42 m. 53 s.

333. Problème VI. — Sachant que le soleil parcourt en moyenne chaque jour 0° 59′ 8″ 33 sur l'écliptique, on demande combien il mettra de temps à parcourir 42° 40′ 57″ 15.

Opérant comme au problème IV, je transforme le dividende 42° 40′ 57″, 15 en 153 657″ 15, que je divise par 3 548″ 33, nombre équivalent au diviseur 0° 59′ 8″ 33.

```
                 153657" 15 | 3548" 33
                  11723  95 |-------------------
                   1078  96 | 43 j. 7 h. 17 m. 52 s.
Multipliant par          24
                 ----------
                    431584
                   215792
                 ----------
                   2589504
                    105673
Multipliant par         60
                 ----------
                   6340380
                   2792050
                    308219
Multipliant par         60
                 ----------
                  18493140
                    751490
                     41824
```

334. Remarque I. — Les procédés que nous venons d'exposer s'appliquent facilement à toute espèce de nombres complexes, dès que l'on connaît les rapports qui existent entre les différentes unités dont ils sont composés.

335. Remarque II. — On a pu juger, par les problèmes qui précèdent, combien le calcul des fractions décimales est plus facile que celui des nombres complexes. Donc les unités dérivées du mètre étant toutes subdivisées en fractions décimales, il en résulte que l'établissement du *système métrique* en France a été incontestablement une innovation très-utile.

TROISIÈME PARTIE.

NOTIONS PRÉLIMINAIRES.

336. Nous traiterons dans cette troisième partie : 1° de la divisibilité des nombres ; 2° des nombres premiers ; 3° des racines carrées ; 4° des racines cubiques ; 5° des approximations numériques.

337. Comme, dans cette troisième partie, les raisonnements seront quelquefois plus compliqués que dans les deux premières, nous les abrégerons assez souvent, en empruntant à l'Algèbre quelques-uns des signes qu'elle emploie. Ces emprunts se réduisent à ce qui suit :

338. 1° Nous représenterons par des lettres les quantités sur lesquelles nous aurons à raisonner. Souvent l'initiale d'un mot tiendra lieu du mot tout entier : ainsi *s* désignera une somme, *d* une différence, *p* un produit, *r* un reste.

Les lettres n'ayant pas en français de valeur numérique déterminée, nous aurons soin de faire connaître la signification que nous leur attribuerons.

Pour abréger, nous dirons simplement *a*, *b*, au lieu de dire : la quantité représentée par *a*, la quantité représentée par *b*.

Il est souvent commode d'employer la même lettre pour représenter plusieurs quantités distinctes, mais de nature semblable, par exemple, *p* pour désigner plusieurs produits. Dans ce cas, l'on distingue les différentes significations de cette lettre par un ou plusieur accents; ou bien encore par la forme majuscule ou minuscule. Ainsi on écrira *P*, *p*, p', p'', p''',... et on lira : grand *p*, petit *p*, *p* prime, *p* seconde, *p* tierce, etc.

339. 2° Pour indiquer les opérations, nous emploierons les signes déjà connus, c'est-à-dire + pour l'addition (ex. $a + b$); — pour la soustraction (ex. $a - b$); $\times$ ou . pour la multiplication (ex. $a \times b$ ou $a \cdot b$); : pour la division (ex. $a : b$), ou bien une barre horizontale, comme pour une fraction (ex. $\frac{a}{b}$).

340. Nous représenterons encore la multiplication de deux autres manières : par l'*absence de tout signe* et par l'*exposant*.

Quand une lettre est écrite, *sans aucun signe*, à la suite d'un nombre ou d'une autre lettre, cela indique la multiplication. Ainsi $3\ a$ équivaut à $3 \times a$; ab équivaut à $a \times b$. De même $a\,b\,c$ équivaut à $a \times b \times c$. Quand deux nombres écrits en chiffres sont multipliés l'un par l'autre, on ne pourrait pas représenter la multiplication par l'absence de tout signe. Par exemple, 58 se lit cinquante-huit et non pas 5×8.

341. Comme on vient de le voir, $a\ a\ a$ signifie $a \times a \times a$. On abrége encore $a\,a\,a$ en le remplaçant par a^3, c'est-à-dire en n'écrivant a qu'une fois et en plaçant, à la droite et un peu au-dessus de a, un chiffre qui fait connaître combien de fois on écrirait a, si la multiplication était indiquée à la manière ordinaire. De même, $a^4 = aaaa$; $a^5 = aaaaa$. Ce chiffre ainsi placé à droite et un peu au-dessus d'une quantité est ce qu'on appelle un *exposant*. L'*exposant* se place après les nombres comme après les lettres. Ainsi $5^2 = 5 \times 5$; $7^3 = 7 \times 7 \times 7$. L'*exposant* est quelquefois lui-même une lettre; ainsi $a^m = a$ écrit m fois de suite pour le multiplier par lui-même.

342. L'*exposant* fait connaître ou *expose* à quelle *puissance* est élevée une quantité. Tout nombre, quel qu'il soit, indique comment l'unité est prise. Par exemple, 4 veut dire qu'on prend l'unité 4 fois ; donc $4 = 1 \times 4$; $\frac{3}{4}$ veut dire qu'on prend 3 fois le quart de l'unité : donc $\frac{3}{4} = 1 \times \frac{3}{4}$. Ainsi, a représentant un nombre quelconque, entier ou fractionnaire, on a $a = 1 \times a$. Si l'on multiplie 1 deux fois, trois fois, quatre fois de suite, par a, on aura

$1 \times a \times a = a \times a = a^2$;

$1 \times a \times a \times a = a \times a \times a = a^3$;

$1 \times a \times a \times a \times a = a \times a \times a \times a = a^4$...

Ces quantités $a, a^2, a^3, a^4, \ldots$ sont ce qu'on appelle des *puissances* de a. Le degré de la *puissance* à laquelle a est *élevé* est marqué par l'*exposant* de a : c'est le nombre de fois que 1 est multiplié par a. Ainsi $a = 1 \times a$ est la 1re puissance de a ; $a^2 = 1 \times a \times a$ est la 2e ; $a^3 = 1 \times a \times a \times a$ est la 3e.

On conclut de là que la lettre a, écrite sans *exposant*, peut-être regardée comme ayant l'*exposant* 1, puisque a est la puissance première de a. Donc, en général, l'*exposant*, ou le *degré de la puissance d'une quantité, c'est le nombre de fois que* 1 *est multiplié par cette quantité.*

343. 3° On met souvent entre parenthèses plusieurs quantités séparées par des signes d'opérations. On représente ainsi le résultat de toutes les opérations indiquées en dedans des parenthèses. Ainsi $3(a+b)$ signifie qu'on prend 3 fois la somme $a+b$. De même $(a+b) \times (a+b)$, ou simplement $(a+b)(a+b)$, ou encore $(a+b)^2$, signifie qu'on multiplie la somme $a+b$ par cette même somme $a+b$.

344. 4° Les différentes parties d'une somme s'appellent *termes*.

Dans la somme $a+b+c+d$, a, b, c, d sont des termes.

345. 5° On écrit :

$a = b$, pour dire que a est égal à b.

$a > b$, pour dire que a est plus grand que b.

$a < b$, pour dire que a est plus petit que b.

346. 6° Les raisonnements que nous ferons seront souvent présentés sous forme d'*égalités*. On appelle ainsi deux quantités séparées par le signe =. Exemple : $ab = ba$; $5 + 9 = 26 - 12$. La quantité qui précède le signe = est le *premier membre* ; la quantité qui le suit est le *second membre*. Les égalités se transforment, c'est-dire que les deux membres peuvent subir des changements, sans cesser pour cela d'être égaux. En général, *deux quantités égales ne cessent pas d'être égales, lorsqu'on leur fait subir la même opération* ; par exemple, quand on leur ajoute ou qu'on en retranche le même nombre ; quand on les multiplie ou qu'on les divise par le même nombre.

CHAPITRE I.

De la divisibilité des nombres.

347. Comme on l'a vu (**69**), le quotient d'un nombre quelconque divisé par un autre peut toujours s'exprimer exactement au moyen d'une fraction, dont le numérateur est le dividende donné et dont le dénominateur est le diviseur. Ainsi $37 : 13 = \frac{37}{13}$. Donc, en un certain sens, deux nombres sont toujours exactement divisibles l'un par l'autre. Cependant l'usage a prévalu de ne regarder deux nombres comme exactement divisibles l'un par l'autre que dans le cas où la division donne un quotient entier sans reste. Le dividende est alors un *multiple* du diviseur (**30**). Dans ce dernier sens, on dira que 15 est exactement divisible par 5 et n'est pas exactement divisible par 4. Pour abréger, on dit simplement que 15 est divisible par 5 et n'est pas divisible par 4. C'est de cette manière qu'on doit entendre ordinairement les mots *divisibilité* et *divisible*.

Remarque. — Puisqu'un nombre est divisible par un autre quand la division ne donne pas de reste, il en résulte que 0 est divisible par tous les nombres possibles; car, en divisant 0 par un nombre quelconque, on aura toujours 0 pour quotient, et il n'y aura jamais de reste.

ARTICLE I.

CARACTÈRES DE DIVISIBILITÉ

Pour savoir si un nombre est *divisible* par un autre, on peut faire la division, afin de voir si elle donne un reste : mais la divisibilité peut-être reconnue quelquefois par des moyens plus simples, qu'on appelle *caractères de divisibilité*. Ces caractères se tirent d'un principe évident, dont voici l'énoncé :

348. Principe. — *Quand, un nombre étant composé de plusieurs parties, on sait que quelques-unes de ces parties sont nécessairement divisibles, il suffit d'examiner si les autres parties le sont aussi.*

En effet, les parties nécessairement divisibles ne pouvant donner aucun reste, de deux choses l'une : ou les autres parties ne donneront pas de reste non plus, et alors le nombre complet sera *divisible*; ou ces autres parties donneront un reste, et le nombre ne sera pas *divisible*. De plus, il est clair que le reste fourni par le nombre complet sera le même que celui de la partie ou des parties non divisibles. De là on tire facilement les caractères de divisibilité : 1° par 2 et par 5; 2° par 4 et par 25; 3° par 8 et par 125; 4° par 9 et par 3; 5° par 11.

349. I. Caractère de divisibilité par 2 ou par 5. — *Il faut et il suffit que le chiffre des unités simples soit divisible par 2 ou par 5.*

En effet, comme une centaine vaut 10 dizaines, un mille 100 dizaines, etc., on peut réduire en dizaines tous les ordres d'unités supérieures aux dizaines; et alors le nombre complet se composera de dizaines et d'unités. Or, toute dizaine étant divisible par 2 et par 5, un nombre de dizaines, quel qu'il soit, sera divisible aussi par 2 et par 5. Donc, pour qu'un nombre soit divisible par 2 ou par 5, il faut et il suffit que le chiffre des unités soit divisible par 2 ou par 5. — Les chiffres divisibles par 2 sont : 0, 2, 4, 6, 8 (on les appelle *chiffres pairs*). Les chiffres non divisibles par 2 sont : 1, 3, 5, 7, 9 (on les appelle *chiffres impairs*). — Les chiffres divisibles par 5 sont : 0 et 5.

350. II. Caractère de divisibilité par 4 ou par 25. — *Il faut et il suffit que le nombre formé par les deux derniers chiffres à droite soit divisible par 4 ou par 25.*

En effet, on peut réduire en centaines tous les ordres d'unités supérieures aux centaines; et alors le nombre sera décomposé en centaines, et en unités (qui peuvent aller jusqu'à 99 unités). Toute centaine se divise par 4 et par 25. Donc, il suffit d'examiner si le nombre fourni par les deux derniers chiffres à droite est ou n'est pas divisible par 4 ou par 25. Par exemple, 35 856 est divisible par 4, parce que $56 = 14 \times 4$. —— 71 875 est divisible par 25, parce que $75 = 25 \times 3$.

351. III. Caractère de divisibilité par 8 ou par 125. — *Il faut et il suffit que le nombre formé par les trois derniers chiffres à droite soit divisible par 8 ou par 125.*

En effet, un nombre quelconque peut se décomposer en mille et en unités (999 unités au plus). Les mille se divisent par 8 (le quotient est 125), et par 125 (le quotient est 8). Donc il faut et il suffit que le nombre formé par les trois derniers chiffres soit divisible par 8 ou par 125.

352. IV. Caractère de divisibilité par 9 ou par 3. — *Il faut et il suffit que la somme des chiffres du nombre proposé, additionnés ensemble comme s'ils exprimaient des unités simples, soit divisible par 9 ou par 3.*

353. En effet : 1° *En écrivant un certain nombre de*

9 *les uns à la suite des autres, on obtient toujours un multiple de* 9. Ainsi, par exemple, 99 999 égale 10 000 fois, plus 1 000 fois, plus 100 fois, plus 10 fois, plus 1 fois 9, c'est-à-dire 11 111 fois 9.

354. 2° *Le chiffre* 1 *suivi d'un nombre quelconque de zéros est un multiple de* 9, *plus* 1 *unité*. En effet, 100 000, par exemple, égale 99 999, plus 1, c'est-à-dire un multiple de 9 (**353**), plus 1 unité.

355. 3° *Un chiffre suivi d'un nombre quelconque de zéros est un multiple de* 9, *plus le chiffre en question*. 700 000, par exemple, est un multiple de 9, plus 7. En effet, chacune des centaines de mille renfermées dans 700 000 est un multiple de 9, plus 1. Donc les 7 centaines de mille renferment un certain nombre de fois 9; plus 1, pour la 1re centaine; plus 1 pour la 2e; plus 1, pour la 3e, etc.; en tout plus 7 unités.

356. 4° *Un nombre quelconque est un multiple de* 9, *plus la somme des chiffres du nombre, ajoutés comme unités simples*. Ainsi 35 247 est un multiple de 9, plus 21, somme égale à 3 + 5 + 2 + 4 + 7. En effet :

30 000	=	un multiple de 9,	plus 3
5 000	=	....	5
200	=	....	2
40	=	....	4
7	=	....	7

Donc 35 247 = un certain nombre de fois 9, plus 21

357. 5° *Tout multiple de* 9 *est aussi un multiple de* 3 En effet, tout nombre qui se divise exactement par 9 se divise aussi exactement par 3, et donne ainsi un quotient triple de celui qu'on trouve en divisant par 9 (**89**). Donc, dans tous les énoncés ci-dessus (1°, 2°, 3°, 4°), on peut mettre *multiple de* 3 au lieu de *multiple de* 9.

358. 6° Donc, enfin, *pour qu'un nombre soit divisible par* 9 *ou par* 3, *il faut et il suffit que la somme des chiffres du nombre, ajoutés ensemble comme unités* *simples, soit divisible par 9 ou par 3*. De plus, le reste obtenu en divisant par 9 ou par 3 cette somme des chiffres est le même qu'on trouverait en divisant par 9 ou par 3 le nombre proposé.

359. V. Caractère de divisibilité par 11. — *Il faut et il suffit que l'excès de la somme des chiffres de rang impair* (en commençant par les unités simples), *sur la somme des chiffres de rang pair* (en commençant par les dizaines), *soit un multiple de* 11.

360. En effet : 1° le chiffre 1, suivi d'un nombre pair de zéros, c'est-à-dire appartenant à un ordre d'unités de rang impair, est un multiple de 11, plus 1 unité. Car $100 = 99 + 1 = 11 \times 9 + 1$. De même, $10\,000 =$ un multiple de $11 + 1$; car $10\,000 = 100 \times 100 = (99 + 1) \times 100 = 99 \times 100 + 100$, c'est-à-dire un multiple de $11 + 100$. Or 100 est lui-même un multiple de 11, plus 1. Donc, en multipliant par 100 une centaine, c'est-à-dire un multiple de 11, plus 1, on obtiendra encore un multiple de 11, plus 1. Généralement, si, pour abréger, nous représentons par $11\,m$ un multiple quelconque de 11, et que nous ayons une unité d'un certain ordre égale à $11\,m + 1$, l'unité 100 fois plus grande sera $11\,m \times 100 + 100 = 11\,m \times 100 + 99 + 1 =$ un multiple de $11 +$ un autre multiple de 11, plus $1 =$ un multiple de 11, plus 1 unité. Donc, toute unité appartenant à un ordre de rang impair égale un multiple de 11, plus 1. —— Donc, un chiffre appartenant à un ordre de rang impair égale un multiple de 11, plus la valeur absolue du chiffre. Par exemple, 7 dizaines de mille, = un multiple de 11, plus 7, puisque chaque dizaine de mille est un multiple de 11, plus 1.

361. 2° Une unité appartenant à un ordre de rang pair (à partir des dizaines) égale un multiple de 11, moins 1. Cela est évidemment vrai pour 10 qui égale $11 - 1$. Cela est vrai aussi pour $1\,000 = (11 - 1) \times 100 = 11 \times 100 - 100 = 11 \times 100 - 99 - 1 =$ un multiple de 11, moins 1. Généralement, si l'on multiplie 11 m — 1 par 100, on aura 11 m × 100 — 100 = 11 m × 100 — 99 — 1 = un multiple de 11 — un autre multiple de 11 — 1 = un multiple de 11, moins 1 (**240**). Donc un chiffre appartenant à un ordre de rang pair, égale un multiple de 11, moins la valeur absolue du chiffre.

362. Soit maintenant le nombre 3 445 632 ; j'ai

3 000 000 =	11 m	+ 3		
400 000 =	11 m	.....	— 4	
10 000 =	11 m	+ 1		
5 000 =	11 m	.....	— 5	
600 =	11 m	+ 6		
30 =	11 m	.....	— 3	
2 =		+ 2		
Donc 3 445 632 = un multiple de	11	+ 12	— 12	

C'est-à-dire que le nombre proposé est divisible par 11.

363. Si la somme des chiffres de rang impair l'avait emporté sur la somme des chiffres de rang pair, l'excès aurait été égal au reste obtenu en divisant par 11 le nombre proposé.

Exemple : 271 862 a 17 pour somme des chiffres de rang impair, et 9 pour somme des chiffres de rang pair ; l'excès est 8 : c'est le reste de 271 862 : 11.

364. Si la somme des chiffres de rang impair était moindre que celle des chiffres de rang pair, on ajouterait 11 à la première somme autant de fois qu'il le faudrait pour rendre la soustraction possible. Cela revient à prendre quelques-uns des nombreux groupes de 11 unités, compris dans le nombre proposé, pour joindre ces groupes à la somme des restes fournis par les chiffres de rang impair : opération qui n'empêchera pas la divisibilité par 11 des groupes de 11 unités restants.

Soit, par exemple, 8 927 354. Ce nombre est un multiple de 11 renfermant 11 bien des fois, plus 17 (somme des chiffres de rang impair) — 21 (somme des chiffres de rang pair). Je puis prendre 11 unités sur la partie qui dans 8 927 354 est un multiple de 11, sans que cette partie cesse d'être multiple de 11, et j'aurai ainsi 8 927 354 = un multiple de 11 + 28 — 21, c'est-à-dire un multiple de 11 + 7. 7 est le reste de la division par 11.

365. Dans la pratique, on peut supprimer 11 toutes les fois qu'on le trouve en ajoutant les chiffres ensemble. On ne cherche, en effet, que les restes de la division par 11, lesquels ne peuvent jamais provenir des multiples de 11. Ainsi, on opérerait comme il suit sur le nombre 8 927 354. 4 et 3 font 7, et 2 font 9, et 8 font 17 ; j'ôte 11, reste 6. 5 et 7 font 12 ; j'ôte 11, reste 1 et 9 font 10. Je retranche 10 de 6 augmenté de 11, c'est-à-dire de 17 ; reste 7 ; c'est le reste de la division de 8 827 354 par 11.

ARTICLE II.

PREUVE PAR 9 ET PREUVE PAR 11.

366. Les caractères de divisibilité par 9 et par 11 fournissent des moyens assez utiles de vérifier l'exactitude des multiplications et des divisions : c'est ce qu'on appelle la *preuve par* 9 et la *preuve par* 11. Elles reposent sur le principe suivant :

367. Principe. — *Étant donnés un multiplicande, un multiplicateur et un pro uit, si on les divise tous les trois par un nombre* n, *on trouvera que le reste du produit est égal au reste obtenu en divisant par* n *le produit du reste du multiplicande multiplié par le reste du multiplicateur. Ou, en termes plus courts : le reste du produit est égal au reste du produit des restes.*

En effet, on a évidemment :

Multiplicande = un multiple de n + un reste.
Multiplicateur = un multiple de n + un reste.

Le produit total renferme quatre parties, savoir :

1° la 1re partie du multiplicande multipliée par la 1re du multiplicateur;

2° la 2e partie du multiplicande multipliée par la 1re du multiplicateur;

3° la 1re partie du multiplicande multipliée par la 2e du multiplicateur;

4° la 2e partie du multiplicande multipliée par la 2e du multiplicateur.

Or, les trois premières parties étant obtenues en multipliant des multiples de n par des nombres entiers, ou bien (ce qui revient au même) des nombres entiers par des multiples de n, sont des multiples de n. Leur somme est donc nécessairement divisible par n. Donc, si le produit, divisé par n, donne un reste, ce reste ne peut être fourni que par la 4e partie, c'est-à-dire par le produit du reste du multiplicande multiplié par le reste du multiplicateur; ce qu'il fallait démontrer.

368. Preuve de la multiplication par 9. — Nous avons trouvé (**61**) que

$$45\,067 \times 6\,704 = 302\,129\,168.$$

Je cherche le reste de 45 067 divisé par 9. La somme des chiffres est $4 + 5 + 6 + 7 = 22$, somme qui, divisée par 9, donne pour reste 4 : c'est le reste du multiplicande.

J'ajoute $6 + 7 + 4$. Je trouve 17, somme qui, divisée par 9, donne pour reste 8 : c'est le reste du multiplicateur.

Je multiplie ce reste 8 par 4, reste du multiplicande; j'obtiens 32 : c'est le produit des restes. Je divise 32 par 9, et j'ai pour reste 5 : c'est *le reste du produit des restes*. Il doit être égal au *reste du produit* 302 129 168.

C'est, en effet, ce qui a lieu. Car

$$3 + 2 + 1 + 2 + 9 + 1 + 6 + 8 = 32,$$

somme qui, divisée par 9, donne pour reste 5.

Remarque I. — Ici 32, produit des restes, est

égal à 32, somme des chiffres du produit. Cette égalité n'est nullement nécessaire, mais se rencontre quelquefois.

369. Remarque II. — Comme les restes ne peuvent venir des multiples de 9, on peut supprimer ces multiples à mesure qu'on les rencontre. Par exemple, pour avoir le reste du produit, je puis ajouter les chiffres ainsi : 3 et 2 font 5, et 1 font 6, et 2 font 8 (je passe le chiffre 9), et 1 font 9, que je supprime ; 6 et 8 font 14. Je retranche 9 et j'ai pour reste 5.

On peut disposer le calcul de la preuve par 9 comme il suit :

On écrit, dans l'angle à gauche, 4, reste du multiplicande ; dans l'angle à droite, 8, reste du multiplicateur. On multiplie 4 par 8, et on divise 32 par 9. Reste 5, qu'on écrit dans l'angle supérieur. On écrit, dans l'angle inférieur, 5, reste du produit. Il y aurait erreur dans la multiplication, si le chiffre de l'angle inférieur n'était pas le même que celui de l'angle supérieur.

370. Preuve de la division par 9. — Si la division n'a pas donné de reste, on opère comme pour vérifier la multiplication. En effet le dividende est le produit du diviseur par le quotient. — Si la division a donné un reste, après avoir trouvé, comme ci-dessus, le *reste du produit des restes*, on y ajoute le reste de la division par 9 du reste de la division à vérifier ; on divise la somme par 9, et l'on trouve ainsi un reste qui doit être égal à celui du dividende.

Exemple. En divisant 189 493 par 375, on a trouvé 505 pour quotient et 118 pour reste : on demande à faire la preuve par 9. On procède comme il suit :

Reste du diviseur; 3 et 7 font 10. Je retranche 9; reste 1, et 5 font 6.

Reste du quotient; 5 et 5 font 10. Je retranche 9; reste 1.

Je multiplie 6 par 1; j'obtiens 6, que j'ajoute aux chiffres du reste 118, en retranchant toujours 9. 6 et 1 font 7, et 1 font 8, et 8 font 16; je retranche 9, et j'obtiens 7. C'est là ce que doit être le reste du dividende; et c'est ce que je trouve effectivement, en ajoutant les chiffres du dividende.

En effet, si l'opération a été bien faite, on a :

$$189\,493 = 375 \times 505 + 118.$$

Donc le reste obtenu en divisant par 9 le nombre 189 493 égale le reste de 375 × 505, plus le reste de 118. Le reste de 189 493 est 7. Celui du produit 375 × 505 est 6 (**367**). J'ajoute le reste de 118, qui est 1, et j'obtiens 7, nombre égal au reste du dividende.

371. Preuve par 11. — Elle se fait absolument comme la preuve par 9 : seulement le procédé pour trouver les restes est celui qui a été indiqué précédemment.

Exemple : 189 493 : 375 a donné pour quotient 505 et 118 pour reste. On fait la preuve par 11 comme il suit. En divisant par 11 le diviseur 375, on a pour reste 1; le reste du quotient est 10; 1 × 10 = 10; à 10 on ajoute 8, reste qu'on trouve en divisant par 11 le reste 118; on obtient ainsi 18, c'est-à-dire 7, en retranchant 11. Or, on trouve précisément 7 en cherchant le reste du dividende 189 493 divisé par 11. Donc, il est probable que l'opération est bonne.

372. Remarque. — Ce principe : *Le reste du pro-*

duit égale le reste du produit des restes, principe sur lequel s'appuient les preuves par 9 et par 11, serait vrai pour tout autre nombre que 9 et 11, pour 2, pour 5, pour 25, par exemple. On préfère employer les chiffres 9 et 11, parce que le reste de la division par 9 et 11 s'obtient par des calculs où entrent tous les chiffres du nombre proposé, de sorte qu'une erreur dans ces chiffres doit, le plus souvent, altérer le reste de la division par 9 et par 11. Au contraire, le reste de la division par 2 ne dépend que du chiffre des unités; celui de la division par 4 ne dépend que des deux derniers chiffres à droite. Cependant, si l'erreur commise dans le calcul avait eu pour effet de supprimer ou d'ajouter des 9, ou bien des chiffres dont la somme fût 9 ou 11, les preuves par 9 et par 11 ne serviraient pas à manifester cette erreur.

CHAPITRE II.

Des nombres * premiers.

373. Tout nombre est la réunion de plusieurs unités de même nature. L'unité est donc l'élément commun dont se composent tous les nombres. Aussi tout nombre se divise par 1 (le quotient est le nombre divisé), ou par lui-même (le quotient est 1). Il y a des nombres qui ne se divisent que par eux-mêmes et par l'unité : tels sont, par exemple, 3, 5, 13. On les appelle *nombres premiers* ou *nombres simples*. Il y a aussi des nombres qui peuvent se diviser par d'autres nombres qu'eux-mêmes et l'unité. On les appelle *nombres composés* ou *multiples*. Ainsi 12 se divise par 2, par 3, par 4, par 6; 15 se divise par 3 et par 5.

374. Les nombres *composés* peuvent être regardés,

* Dans tout ce chapitre, le mot *nombre* signifiera *nombre entier*.

non-seulement comme formés d'unités égales, mais encore comme formés d'un certain nombre de groupes d'unités égaux entre eux : 15, par exemple, comprend 5 groupes de 3 unités chacun, ou bien 3 groupes de 5 unités. Ainsi l'unité répétée un certain nombre de fois forme *premièrement* des nombres *premiers* ou *simples*, comme 2, 3, 5, 7, 11, 13. Puis ces nombres premiers, répétés eux-mêmes un certain nombre de fois, forment des nombres *composés* ou *multiples;* lesquels peuvent être répétés ou multipliés encore pour former des nombres de plus en plus multiples et composés.

ARTICLE I.

DÉTERMINATION DES NOMBRES PREMIERS.

La détermination des nombres premiers suppose les quatre théorèmes suivants.

375. Théorème I. — *Tout nombre est premier, ou bien multiple d'un nombre premier.* En effet, si un nombre n'est pas premier, on peut distribuer les unités de ce nombre en plusieurs groupes égaux, dont chacun sera au moins 2 fois plus petit que le nombre proposé. Si le nombre des unités de chaque groupe n'est pas premier, on peut distribuer les unités de ce nombre en groupes au moins 2 fois plus petits ; et ainsi de suite, jusqu'à ce qu'on arrive à des groupes qui ne puissent se diviser qu'en unités simples, et dans lesquels, par conséquent, le nombre des unités sera premier. Or, le nombre proposé est évidemment un multiple de chacun de ces nombres premiers ; donc, etc.

376. Théorème II. — *Pour qu'une division se fasse sans reste, il faut et il suffit que le dividende soit divisible successivement par les facteurs dont le diviseur est le produit.* En effet, on a vu (54) que diviser par un produit ou un multiple, c'est la même chose que de diviser successivement par les facteurs de ce produit ou de ce multiple. Donc, la division par le multiple ne sera possible que dans le cas où la division successive par les facteurs sera elle-même possible. Par exemple, pour pouvoir diviser par 30, il faut pouvoir diviser successivement par 2, par 3 et par 5, puisque $30 = 2 \times 3 \times 5$.

377. Théorème III. — *Un nombre est premier quand il n'est divisible par aucun des nombres premiers dont le carré est inférieur à ce nombre.* Soit le nombre 113. Il n'est divisible ni par 2, ni par 3, ni par 5, ni par 7. J'en conclus que 113 est premier. En effet, le nombre premier qui suit immédiatement 7 est 11, dont le carré 121 est supérieur à 113; d'où il résulte que 113 n'est divisible par aucun des nombres premiers dont le carré est inférieur à 113. — Pour démontrer ce théorème, je prouverai successivement que 113 n'est divisible ni par aucun nombre plus petit que 11, ni par 11 ou un nombre plus grand que 11.

1° 113 n'est pas divisible par un nombre plus petit que 11. Pour les nombres premiers inférieurs à 11, on s'en est assuré en essayant la division, qui n'a pas réussi. Pour les multiples inférieurs à 11, comme 4, 6, 8, 9, 10, on sait qu'ils sont composés de nombres premiers (375) évidemment plus petits que 11; et par conséquent, si 113 était divisible par l'un de ces multiples, il serait divisible par quelqu'un des nombres premiers qui en sont les facteurs (376). Donc 1°, 113 ne peut se diviser par aucun nombre inférieur à 11.

2° 113 ne se divise ni par 11 ni par aucun nombre plus grand que 11. En effet, comme 121 divisé par 11 donne 11 pour quotient, 113 divisé par 11, donnerait, si cette division était faite exactement, un quotient plus petit que 11. Or, dans toute division qui se fait sans reste, le dividende est exactement divisible par le quotient. Donc 113 serait exactement divisible par un nombre plus petit que 11; ce qui est impossible, comme nous venons de le prouver. A plus forte raison, 113 n'est pas divisible par un nombre plus grand que 11, puisque le quotient qu'on obtiendrait dans cette hypothèse serait encore plus petit que le quotient de la division par 11. Donc, etc.

378. Théorème IV. — *La série des nombres premiers est indéfinie*; c'est-à-dire que, quelque grand que soit un nombre premier, il y en a de plus grands encore. En effet, supposons que nous ayons la liste complète des nombres premiers jusqu'à un nombre premier très-grand, que j'appellerai p. Multiplions tous ces nombres premiers successivement les uns par les autres, et désignons-en le produit par P; nous aurons :

$$P = 2 . 3 . 5 . 7 . \ldots . p.$$

P est divisible par tous les facteurs 2, 3, 5, 7. . . . p, dont il est le produit. Donc $P + 1$, divisé par l'un quelconque de ces facteurs, donnera pour reste 1 : et, par conséquent, $P + 1$ n'est divisible par aucun des facteurs 2, 3, 5, 7. . . . . p, ni par leurs multiples (**54**). Donc $P + 1$ est, ou bien un nombre premier, évidemment plus grand que p, ou un multiple de quelque nombre premier supérieur à p. Donc il existe au moins un nombre premier plus grand que p.

379. Problème. — *Déterminer les nombres premiers.* Le procédé le plus simple a été indiqué par Ératosthène, mathématicien grec, qui vivait dans le IIIe siècle avant Jésus-Christ. Voici en quoi il consiste.

1° On écrit les uns à la suite des autres la série des nombres entiers, en commençant par 1, 2, 3. A partir de 3, on n'écrit que les nombres impairs ; car les nombres pairs sont multiples de 2, et par conséquent ne sont pas premiers.

2° A partir de 3, on supprime le 3e, le 6e, le 9e nombre de la série : ce sont des multiples de 3.

3° A partir de 5, on supprime le 5e, le 10e, le 15e

nombre, etc. : ce sont des multiples de 5. Le premier multiple à supprimer sera 25, carré de 5.

4° A partir de 7, on supprime le 7e, le 14e, le 21e nombre : ce sont des multiples de 7. Le premier multiple à supprimer sera 49, carré de 7, et ainsi de suite.

5° Généralement, en supprimant les multiples d'un nombre premier, il suffit de commencer par le carré de ce nombre : les multiples inférieurs sont supprimés d'avance.

6° En supposant qu'on ait ainsi supprimé tous les multiples de 3, de 5, de 7, jusqu'à 121 exclusivement, tous les nombres non supprimés seront premiers.

7° Si l'on avait voulu pousser l'opération plus loin, jusqu'à 169 par exemple, on aurait supprimé tous les multiples de 3, de 5, de 7 et de 11, jusqu'à 169, carré de 13, et tous les nombres restants seraient premiers. Voici les nombres impairs inférieurs à 169. On a marqué d'une croix + les nombres supprimés, comme n'étant pas premiers. Tous les nombres qui n'ont pas ce signe sont premiers.

1	+21	41	61	+81	101	+121	+141	+161
2	23	43	+63	83	103	+123	+143	163
3	+25	+45	+65	+85	+105	+125	+145	+165
5	+27	47	67	+87	107	127	+147	+167
7	29	+49	+69	89	109	+129	149	+169
+9	31	+51	71	+91	+111	131	151	
11	+33	53	73	+93	113	+133	+153	
13	+35	+55	+75	+95	+115	+135	+155	
+15	37	+57	+77	97	+117	137	157	
17	+39	59	79	+99	+119	139	+159	
19								

En tout 39 nombres premiers.

Ce procédé, qui permet de séparer facilement les nombres premiers de ceux qui ne le sont pas, est appelé souvent *crible* d'Eratosthène.

380. Il est facile de se rendre compte de ce que nous venons de faire.

Les nombres qui suivent 3 sont 3 + 2, 3 + 4, 3 + 6 (lequel est un multiple de 3), 3 + 8, 3 + 10, 3 + 12 (multiple de 3), et ainsi de suite, de trois en trois.

Les nombres qui suivent 5 sont égaux à 5, augmenté de 2 pris 1 fois, 2 fois, 3 fois, 4 fois, 5 fois. Le 5e nombre est donc un multiple de 5. Le 10e nombre sera dans le même cas, etc.

En supprimant les multiples de 3, on a dû biffer 3 fois 5; donc le 1er multiple à biffer est 5 fois 5 ou 25.

En biffant les multiples de 3 et de 5, on a nécessairement biffé 3 fois 7 et 5 fois 7; le 1er multiple de 7 à supprimer sera donc 7 fois 7 ou 49.

De même, avant de trouver dans la liste 121 = 11 × 11, on a dû trouver les multiples inférieurs de 11, lesquels sont en même temps multiples des nombres premiers 3, 5, 7, et ont dû, par conséquent, être déjà supprimés; donc, quand on fait intervenir le facteur premier 11, il suffit de commencer la suppression de ses multiples par celle de 121, carré de 11.

Tous les nombres qui n'ont pas été supprimés sont premiers; car ils ne sont divisibles par aucun nombre premier inférieur à 13, dont le carré 169 surpasse tous ces nombres.

381. Remarque. — *Tous les nombres premiers, excepté 2 et 3, sont supérieurs ou inférieurs d'une unité à un multiple de* 6. En effet, en divisant un nombre quelconque par 6, on ne peut avoir pour reste que 0, 1, 2, 3, 4, 5; c'est-à-dire que tout nombre peut être regardé comme un multiple de 6, augmenté de 0, de 1, de 2, de 3, de 4 ou de 5 Si je désigne par m le nombre de fois que 6 est contenu dans le nombre dont il s'agit, ce nombre, quel qu'il soit, pourra donc être représenté de l'une des six manières suivantes :

$$6m,\ 6m + 1,\ 6m + 2,\ 6m + 3,\ 6m + 4,\ 6m + 5.$$

Or $6m$ est multiple de 6; $6m + 2$ et $6m + 4$

sont multiples de 2, comme contenant deux parties, dont chacune est divisible par 2 (**239**); $6m + 3$ est multiple de 3, comme formé de deux parties divisibles chacune par 3. Donc il ne reste à pouvoir représenter un nombre premier que $6m + 1$ et $6m + 5$. Or, $6m + 1$ est supérieur d'une unité à $6m$, multiple de 6, et $6m + 5$ est inférieur d'une unité à $6m + 6$, qui est aussi un multiple de 6. Donc, etc.

ARTICLE II.

DÉCOMPOSITION DES NOMBRES EN FACTEURS PREMIERS.

382. Définition. — Plusieurs nombres sont *premiers entre eux* lorsqu'ils ont 1 pour unique diviseur commun (**249**). On voit, par cette définition, qu'un nombre peut être *premier* de deux manières. Ou bien il est *premier* en lui-même et sans relation avec un autre nombre; c'est quand il ne se divise que par lui-même et par l'unité (**373**) : on dit alors, si l'on veut, pour plus de précision, que le nombre est *premier absolu*. Ou bien plusieurs nombres n'ont d'autre diviseur commun que l'unité; et l'on dit que ce sont des nombres *premiers relatifs* ou *premiers entre eux*.

La décomposition des nombres en facteurs premiers suppose les neuf théorèmes suivants :

383. Théorème I. — *Si un dividende et un diviseur sont multipliés par un même nombre, la partie entière du quotient* (qu'on appelle simplement le quotient) *ne changera pas, mais le reste sera multiplié par le même nombre que le dividende et le diviseur.* En effet, soit, par exemple, 43 qui, divisé par 8, donne 5 pour quotient et 3 pour reste. J'ai

$$43 = 8 \times 5 + 3$$

c'est-à-dire que 43 renferme le quintuple de 8, et en plus le reste 3, plus petit que le diviseur 8. Si je multiplie par 11 le dividende, 43, ou, ce qui revient au même, les deux parties de 43, j'aurai d'abord 11 fois le quintuple de 8, qui peut s'écrire ainsi :

$$5 \times 8 \times 11$$
$$\text{ou } 8 \times 11 \times 5$$

La première partie de 43 deviendra donc le quintuple de 8 × 11 ; et, si on la divise par 8 × 11, elle donnera le quotient 5 (le même qu'on avait d'abord). Quant au reste 3, seconde partie du dividende 43, il est plus petit que 8, diviseur primitif. Donc 3 × 11 sera plus petit que 8 × 11, diviseur transformé; et, par conséquent, 3 × 11 sera le reste de la division de 43 × 11 divisé par 8 × 11.

384. Théorème II. — *Tout diviseur commun à deux nombres divise le p. g. c. d. de ces deux nombres.* En effet soient les deux nombres 13 503 et 462. Je dis que 7, qui divise ces deux nombres, divise leur p. g. c. d.

Cherchons le p. g. c. d. de 13 503 et de 462.

	29	4	2	2
13 503	462	105	42	21
4 263	42	21	0	
105				

Tout nombre qui divise 13 503 et 462, divise leur reste 105 (**243**). Tout nombre qui divise 462 et 105 divise 42 (**243**), et ainsi de suite. Donc tout nombre qui en divise deux autres divise aussi tous les restes qu'on obtient successivement en appliquant à ces deux nombres le procédé du p. g. c. d., et, par conséquent, divise le dernier de ces restes, qui est le p. g. c. d. lui-même.

385. Théorème III. — *Si l'on multiplie deux nombres par un même facteur entier, le p. g. c. d. des deux nombres sera lui-même multiplié par ce facteur.* En effet, soient les deux nombres 13503 et 462; si je les multiplie tous les deux par 9, et si je cherche ensuite le p. g. c. d. de 13 503 × 9 et de 462 × 9, le premier reste sera 105 × 9 (**383**); pour la même raison, le second reste, obtenu en divisant 462 × 9 par 105 × 9, sera 42 × 9, et ainsi de suite jusqu'au reste 21 qui sera, lui aussi, multiplié par 9. En divisant ci-dessus 42 par 21, on n'avait pas de reste; et, à cause de cela, 21 était le p. g. c. d. de 13 503 et de 462. En divisant 42 × 9 par 21 × 9, on n'aura pas de reste non plus ; et à cause de cela, 21 × 9 est le p. g. c. d. de 13 503 × 9 et de 462 × 9.

386. Théorème IV. — *Un nombre qui divise un produit de deux facteurs et est premier avec l'un des facteurs divise l'autre.* Soit 35, qui divise 25 410 = 242 × 105, et est premier avec 242; je dis que 35 divise 105. — En effet 242 et 35, étant premiers entre eux, ont 1 pour p. g. c. d. Donc 242 × 105 et 35 × 105 ont pour p. g. c. d. 1 × 105 **(385)**. Or, 35 divise, par supposition, 242 × 105; il divise aussi le produit 35 × 105, puisque 35 est un de ses facteurs. Donc 35 divise 105, le p. g. c. d. des deux nombres 242 × 105 et 35 × 105 **(384)**. Donc, etc.

387. Théorème V. — *Un nombre premier absolu est premier avec tous les nombres qu'il ne divise pas.* En effet, un nombre premier absolu n'a d'autre diviseur que lui-même et l'unité. Avec un nombre qu'il ne divise pas, il n'a d'autre commun diviseur que l'unité. Donc il est premier avec ce nombre.

388. Théorème VI. — *Tout nombre premier absolu, qui divise un produit, divise au moins l'un des facteurs de ce produit.* Soit le nombre premier p, qui divise le produit $abcd$, qu'on peut décomposer en deux facteurs, a et (bcd). Si p ne divise pas a, il est premier avec a **(387)**; donc il divise (bcd) **(386)**, qu'on peut décomposer en deux facteurs, b et (cd). Si p ne divise pas b, il est premier avec b; donc il divise cd. Enfin, si p ne divise pas c, il est premier avec c et divise d. Donc, etc.

389. Théorème VII. — *Si un nombre premier absolu divise un produit de plusieurs facteurs premiers absolus, il est égal à l'un de ces facteurs.* En effet, sans cela, il ne diviserait aucun de ces facteurs : car deux nombres premiers absolus ne peuvent se diviser l'un par l'autre que dans le cas où ils sont égaux.

390. Théorème VIII. — *Tout nombre qui n'est pas premier se décompose en facteurs premiers.* On a vu que tout nombre qui n'est pas premier est multiple d'un nombre premier (**375**). Soit un nombre quelconque qui n'est pas premier, et soit p, le nombre premier dont a est le multiple, et b le quotient de a par p, j'ai :

$$a = pb;$$

si b n'est pas premier, il est multiple d'un nombre premier p', et j'ai :

$$b = p'c$$

D'où $$a = pp'c;$$

si c n'est pas premier, j'aurai :

$$c = p''d.$$

D'où $$a = p'pp''d,$$

et ainsi de suite, jusqu'à ce qu'on arrive à conclure que a est égal à un produit de facteurs tous premiers.

Remarque. — Il arrive souvent que plusieurs des facteurs premiers d'un nombre sont égaux entre eux : ainsi $12 = 2 \times 2 \times 3$. Dans ce cas, on dit que 12 a pour facteurs 2, élevé à la seconde puissance, et 3.

391. Théorème IX. — *Tout nombre qui n'est pas premier ne peut se décomposer que d'une seule manière en facteurs premiers;* c'est-à-dire que, de quelque manière qu'on le décompose, on trouvera toujours les mêmes facteurs premiers. En effet, soit le nombre n égal au produit des facteurs premiers a, b, c, d, e; je ne pourrai jamais décomposer n en facteurs premiers autres que a, b, c, d, e. Car, en vertu du théorème VII (**389**), tout nombre premier qui divise le produit n est égal à l'un des facteurs premiers a, b, c, d, e, et, par conséquent, n ne peut avoir d'autres facteurs premiers que ceux-là.

392. Nous pouvons, maintenant, indiquer le procédé à suivre pour décomposer un nombre en ses facteurs premiers.

Soit le nombre 360 qu'il s'agit de décomposer. On procède ainsi. 360 étant un nombre pair, se divise par 2, et donne 180 pour quotient; donc :

$$360 = 2 \times 180;$$
$$180 = 2 \times 90;$$
$$90 = 2 \times 45;$$
$$45 = 3 \times 15;$$
$$15 = 3 \times 5.$$

D'où l'on conclut en remontant :

$$45 = 3 \times 3 \times 5;$$
$$90 = 2 \times 3 \times 3 \times 5;$$
$$180 = 2 \times 2 \times 3 \times 3 \times 5;$$
$$360 = 2 \times 2 \times 2 \times 3 \times 3 \times 5.$$

Le calcul se dispose ordinairement comme il suit :

360	2
180	2
90	2
45	3
15	3
5	5
1	

On peut lire ainsi : 360, divisé par 2, donne 180; qui, divisé par 2, donne 90; qui, divisé par 2, donne 45; qui, divisé par 3, donne 15; qui, divisé par 3, donne 5; qui, divisé par 5, donne 1.

D'où il suit que 360 se décompose dans les six facteurs premiers 2, 2, 2, 3, 3, 5; ou, ce qui revient au même, que

$$360 = 2^3 \times 3^2 \times 5.$$

De plus, on sait que 360 ne peut avoir d'autres facteurs premiers **(391)**.

393. *En général, on cherche à diviser le nombre pro-*

posé par les facteurs premiers, en commençant par les plus simples, qui sont : 2, 3, 5, 7, etc... Quand une division réussit, elle fait connaître le facteur premier le plus simple. On opère sur le quotient de la division comme on avait opéré sur le nombre proposé, et l'on continue jusqu'à ce qu'on trouve un quotient qui soit premier.

394 Remarque. — En essayant la division par les différents facteurs premiers, on reconnaît quelquefois que le quotient devrait être plus petit que le diviseur employé. Dans ce cas, il est inutile d'essayer d'autres divisions : le nombre sur lequel on opère est premier. En effet, si ce nombre était divisible par le diviseur qui donnerait ainsi un quotient plus petit que lui-même, le nombre proposé serait divisible aussi par ce quotient; et, par conséquent, en essayant les facteurs premiers les plus simples, on aurait déjà dû rencontrer ce nombre ou les facteurs premiers dont il serait le multiple. Soit, par exemple, le nombre 83 : il n'est divisible ni par 2, ni par 3, ni par 5, ni par 7. Si j'essayais de le diviser par 11 (nombre premier qui suit 7), j'aurais un quotient plus petit que 8. Donc, avant d'essayer la division par 11, j'aurais trouvé un des facteurs premiers dont 8 est multiple.

ARTICLE III.

APPLICATIONS DIVERSES DES NOMBRES PREMIERS.

Ces applications reposent principalement sur le théorème suivant :

395. Théorème. — *Pour qu'un nombre soit divisible par un autre, il faut et il suffit que tous les facteurs premiers du dividende se trouvent parmi les facteurs premiers du diviseur.*

1° Il le faut. Car, si les nombres sont divisibles.

on a le dividende D égal au diviseur d multiplié par par le quotient q,

$$D = dq;$$

d et q sont deux nombres entiers qui se décomposent en facteurs premiers. Donc le dividende D est le produit de tous les facteurs premiers du diviseur, multipliés par les facteurs premiers du quotient. Donc, si D est divisible par d, *il faut* que tous les facteurs premiers de d se trouvent parmi les facteurs de D.

2° Cela est suffisant. En effet, si tous les facteurs premiers du diviseur sont dans le dividende, on pourra, en changeant, s'il le faut, l'ordre des facteurs du dividende, y écrire d'abord tous les facteurs premiers du diviseur, et mettre après tous les autres facteurs premiers, lesquels donnent évidemment un produit entier. Donc, le dividende égale le diviseur multiplié par un nombre entier; d'où il résulte que le dividende est divisible par le diviseur.

396. Corollaire I. — Donc *dire que deux nombres sont divisibles l'un par l'autre, revient à dire que tous les facteurs premiers de l'un se trouvent parmi les facteurs de l'autre, et peuvent, par conséquent, y être supprimés.* En effet, d'après ce que nous venons de démontrer, si les nombres sont divisibles, il faut que les facteurs s'y trouvent; et, si les facteurs s'y trouvent, cela suffit pour que les nombres soient divisibles.

397. Remarque. — Le théorème qui précède et le corollaire que nous en avons tiré, permettent de concevoir comment se forment les nombres. On les compose par addition en ajoutant toutes les unitéss qu'ils renferment, et on les décompose en retranchant toutes ces unités. On peut aussi composer les nombres par multiplication, en multipliant successivement les uns par les autres les facteurs premiers qu'ils renferment (**55**), et on les décompose en les divisant successivement par ces facteurs premiers. Un nombre premier lui-même peut-être regardé comme le produit de 1 multiplié par le nombre dont il s'agit, exemple : $7 = 1 \times 7$. Donc, tout nombre, sans exception, est à la fois une *somme* et un *produit*.

398. — Un nombre considéré comme *somme* peut être composé et décomposé par groupes d'unités formés d'une manière quelconque. Peu importe, en effet, la valeur de chaque partie, pourvu que leur somme égale le nombre dont il s'agit. Au contraire, un nombre considéré comme *produit*, ne peut être composé et décomposé que par facteurs premiers déterminés (**391**). Si l'on multipliait d'autres facteurs premiers que ceux-là, on n'obtiendrait pas le nombre proposé ; et, si on le divisait par d'autres facteurs premiers, la division ne se ferait pas sans reste. Ces facteurs premiers, spéciaux à chaque nombre, sont donc, pour ainsi dire, des *éléments* qui varient suivant les nombres, comme les éléments chimiques varient suivant les corps. —Pour abréger, au lieu de dire les *facteurs premiers* d'un nombre, nous dirons quelquefois les *éléments* de ce nombre.

399. Corollaire II. — *Si un nombre est divisble par plusieurs nombres premiers entre eux, il est divisible par leur produit.* En effet, le nombre dont il s'agit contient tous les facteurs premiers de ces diviseurs (**395**). De plus, ces diviseurs étant premiers entre eux, c'est-à-dire, n'ayant aucun facteur premier commun, on peut supprimer successivement au dividende tous les *éléments* du premier diviseur, puis tous ceux du second, ensuite tous ceux du 3e, etc. ; ce qui revient à diviser successivement le dividende par tous les diviseurs proposés, c'est-à-dire, à le diviser par leur produit (**54**). — Si les diviseurs n'étaient pas premiers entre eux, les éléments qui leur seraient communs pourraient n'être pas répétés dans le dividende autant de fois qu'ils le seraient dans les diviseurs pris ensemble; et alors, après avoir supprimé les éléments d'un diviseur, il ne serait pas toujours possible de supprimer encore tous les éléments d'un autre diviseur. On ne pourrait donc, en ce cas, diviser le dividende ***successivement*** par tous les diviseurs; et, par conséquent, on ne pourrait le diviser par leur produit, puisque ces deux divisions sont équivalentes (**54**). Ainsi, par exemple, 24 étant divisible par 3 et par 4, nombres premiers entre eux, on est sûr que 24 est divisible par $12 = 3 \times 4$. Au contraire, 36 est divisible par 6 et par 4, nombres non premiers entre eux, et n'est pas divisible par $24 = 6 \times 4$.

400. Corollaire III. — *Si deux nombres sont premiers entre eux, les puissances quelconques de l'un seront premières avec les puissances quelconques de l'autre.* En effet élever un nombre à une puissance quelconque, c'est répéter les facteurs premiers de ce nombre, sans en introduire de nouveaux. Donc, s'il n'y a pas de facteurs premiers communs aux deux nombres, il n'y en aura pas davantage, à quelque puissance qu'on les élève.

401. Corollaire IV. — *Si deux fractions, toutes deux réduites à leur plus simple expression, sont égales entre elles, elles sont identiques, c'est-à-dire qu'elles ont le même numérateur et le même dénominateur.* En effet, soient les deux fractions représentés par $\frac{a}{b}$ et $\frac{c}{d}$; a est premier avec b, c est premier avec d, et l'on a

$$\frac{a}{b} = \frac{c}{d}.$$

D'où l'on tire, en faisant le produit des extrêmes et le produit des moyens,

$$ad = bc.$$

Maintenant a, qui divise ad, divise aussi $bc = ad$; mais a est premier avec b : donc a divise c (**386**). De même c, qui divise bc, divise aussi $ad = bc$; or c est premier avec d : donc c divise a (**386**). Mais a et c, se divisant mutuellement, sont égaux; car, si l'un de ces deux nombres était plus petit que l'autre, le nombre plus petit ne serait pas divisible par le nombre plus grand. Le même raisonnement prouve que $b = d$. Donc les deux fractions $\frac{a}{b}$ et $\frac{c}{d}$ ont des termes égaux chacun à chacun. Donc elles sont identiques. Donc une fraction, semblable, sous ce rapport, à un nombre entier, est composée d'un certain nombre d'éléments déterminés, dont les uns forment le numérateur, et les autres forment le dénominateur.

On peut bien, sans changer la fraction, introduire des éléments communs au numérateur et au dénominateur; mais on ne peut, sans l'altérer, supprimer un seul des éléments constitutifs de la fraction, éléments qui restent seuls, quand elle est réduite à sa plus simple expression.

402. Nous allons maintenant appliquer la décomposition des nombres en facteurs premiers : 1° à la recherche des diviseurs d'un nombre ; 2° à la théorie du plus grand commun diviseur; 3° à la théorie du plus petit commun multiple ; 4° à la transformation des fractions ordinaires en fractions décimales.

403. Première application. — *Trouver tous les diviseurs d'un nombre.* Comme on l'a vu (**396**), dire que deux nombres sont divisibles l'un par l'autre, c'est dire qu'on peut supprimer dans l'un tous les facteurs premiers de l'autre; suppression qui n'est autre chose qu'une division (**276**). Donc les diviseurs d'un nombre sont chacun de ses facteurs premiers et aussi chacun des produits qu'on peut former en les combinant entre eux de toutes les manières possibles. Nous savons déjà trouver les facteurs premiers (**393**); reste à former les produits qui en résultent. Prenons pour exemple le nombre 360. Nous savons que

$$360 = 2 \times 2 \times 2 \times 3 \times 3 \times 5 = 2^3 \times 3^2 \times 5;$$

c'est-à-dire que 360 se décompose en 6 facteurs premiers, dont trois sont égaux à 2, deux sont égaux à 3, et un est égal à 5. On peut y joindre 1, facteur premier de tous les nombres; et l'on a ainsi, pour 360, 4 diviseurs premiers

1, 2, 3, 5.

Tout produit où n'entreront que ces facteurs premiers sera un diviseur de 360, pourvu que 2 n'y figure pas plus de 3 fois, 3 plus de 2 fois et 5 pas plus d'une fois. On dispose l'opération comme il suit :

360	1	1
180	2	2
90	2	4
45	2	8
15	3	3, 6, 12, 24
5	3	9, 18, 36, 72
1	5	5, 10, 20, 40, 15, 30, 60, 120, 45, 90, 180, 360.

Les deux premières colonnes à gauche sont disposées comme ci-dessus (**392**), excepté qu'on a exprimé le diviseur 1 qui avait été sous-entendu. On pourrait lire ces deux colonnes ainsi, en commençant par le bas : 1 fois 5 donne 5 qui, multiplié par 3, donne 15 qui, multiplié par 3, donne 45, etc. Nous avons donc dans la seconde colonne tous les facteurs premiers de 360. A droite de cette colonne, nous avons écrit tous les diviseurs de ce nombre.

En effet, le facteur premier 1 donne le diviseur 1 que nous avons écrit à droite. Le premier facteur 2 donne le diviseur 2 ; le second facteur 2 donnerait, en le multipliant par 1, le nombre 2 déjà écrit : il suffit donc de multiplier le premier diviseur 2 par le second facteur 2 ; ce qui donne le diviseur 4. Le troisième facteur 2, si on le multipliait par les diviseurs 1 et 2, donnerait les produits 2 et 4 déjà écrits : il suffit de le multiplier par 4 ; ce qui donne le diviseur 8. Nous obtenons ainsi, en ne considérant que les facteurs premiers 1 et 2, les 4 diviseurs :

$$1,\ 2,\ 4,\ 8;\ \text{ou}\ 1,\ 2,\ 2^2,\ 2^3;$$

c'est-à-dire, un nombre de diviseurs égal à 3, exposant de 2 dans 360, plus 1. Ce sont évidemment tous les produits qui peuvent résulter du facteur premier 1 et des facteurs premiers égaux à 2.

Introduisons maintenant le premier facteur égal

à 3. Il donnera lieu aux 4 diviseurs 3, 6, 12, 24, qui ne sont que les produits par 3 des quatre premiers diviseurs 1, 2, 4, 8.

Introduisons le second facteur égal à 3. Inutile de multiplier par ce facteur les 4 premiers diviseurs 1, 2, 4, 8; car on retrouverait les mêmes produits que tout à l'heure. Mais il faut multiplier par ce second facteur 3 les qutre derniers produits, 3, 6, 12, 24; ce qui dònne 4 nouveaux diviseurs : 9, 18, 36, 72.

404. Les diviseurs trouvés jusqu'ici sont : d'abord les quatre diviseurs écrits en ligne verticale, 1, 2, 4, 8; plus 3, 6, 12, 24, résultats de la multiplication par le premier facteur 3; plus 9, 18, 36, 72, résultats de la multiplication par le second facteur 3. Cela fait en tout $4 \times 3 = 12$ facteurs. Les $(3 + 1)$ facteurs 1, 2, 4, 8 ont donc été d'abord pris une fois, ou, ce qui revient au même, multipliés par 1; ensuite on les a multipliés par 3 une fois, puis par 3 deux fois de suite, c'est-à-dire qu'on les a multipliés par 9. On a donc multiplié chacun des nombres

1, 2, 4, 8, c'est-à-dire $(3 + 1)$ diviseurs

par chacun des nombres 1, 3, 9, c'est-à-dire par $(2 + 1)$ nombres; ce qui doit nécessairement fournir un nombre de diviseurs égal à $(3 + 1) \times (2 + 1) = 4 \times 3 = 12$.

Introduisons enfin le facteur premier 5. Il doit être introduit successivement dans toutes les combinaisons fournies par les facteurs précédents; ce qui donnera $(3 + 1) \times (2 + 1) = 12$ multiples de 5. De plus, les $(3 + 1) \times (2 + 1)$ diviseurs déjà obtenus, doivent être conservés tels qu'ils étaient avant l'introduction du 5; ou ce qui revient au même, ils doivent être multipliés par 1. Donc ces $(3 + 1) \times (2 + 1)$ diviseurs doivent être multipliés tous par chacun des nombres 1 et 5, c'est-à-dire par $(1 + 1)$ nombres. Donc le nombre total des diviseurs de 360 est

$$(3 + 1) \times (2 + 1) \times (1 + 1).$$

Comme nous l'avons remarqué, 3 + 1, c'est le nombre des termes

$$1,\ 2,\ 2^2,\ 2^3$$

nombre qui doit être égal à l'exposant de 2 dans 360, plus 1. De même 2 + 1 est le nombre des termes

$$1,\ 3,\ 3^2,$$

nombre égal à l'exposant de 3 dans 360, plus 1. Enfin 1 + 1 est le nombre des termes

$$1,\ 5,$$

nombre qui égale aussi l'exposant de 5 dans 360, plus 1. En effet, le facteur premier 5, dans 360, n'a pas d'exposant exprimé ; donc il doit être regardé comme ayant l'exposant 1 sous-entendu (**342**). Donc, en définitive, le nombre des diviseurs de 360 égale le produit obtenu en multipliant les exposants (exprimés ou sous-entendus) de ses facteurs autres que 1, après les avoir augmentés tous d'une unité.

Le raisonnement que nous venons de faire pouvant s'appliquer à un nombre quelconque, nous en tirons le procédé général qu'il convient de suivre pour trouver tous les diviseurs d'un nombre.

405. Procédé. — 1° *Déterminez d'abord les facteurs premiers du nombre, et placez-les les uns sous les autres en commençant par 1. 2° Tracez une ligne verticale, à droite de laquelle vous écrivez les diviseurs en ligne horizontales correspondant à chacun des facteurs premiers. 3° Quand un facteur premier se présente pour la première fois, la ligne horizontale correspondante se forme en multipliant par ce facteur tous les diviseurs déjà obtenus. 4° Si un facteur premier ne se présente pas pour la première fois, on se contente de multiplier par le facteur dont il s'agit les diviseurs qu'on vient d'écrire à la ligne précédente.*

406. Autres exemples.

I. 240	1	1.
105	2	2.
35	3	3, 6.
7	5	5, 10, 15, 30.
1	7	7, 14, 21, 42, 35, 70, 105, 210.

II. 1 001	1	1.
143	7	7.
13	11	11, 77.
1	13	13, 91, 143, 1 001.

III. 252	1	1.
126	2	2.
63	2	4.
21	3	3, 6, 12.
7	3	9, 18, 36.
1	7	7, 14, 28, 21, 42, 84, 63, 126, 252.

IV. 10 000	1	1.
5 000	2	2.
2 500	2	4.
1 250	2	8.
625	2	16.
125	5	5, 10, 20, 40, 80.
25	5	25, 50, 100, 200, 400.
5	5	125, 250, 500, 1 000, 2 000.
1	5	625, 1 250, 2 500, 5 000, 10 000.

407. Deuxième application. — *Remarques sur le plus grand commun diviseur.* Quand les nombres sont décomposés en facteurs premiers, il est très-facile de trouver leur p. g. c. d. En effet, il suffit, pour le former, de combiner ensemble tous les facteurs premiers communs aux nombres proposés. Si un facteur premier se trouve répété plusieurs fois dans le même nombre, c'est-à-dire est élevé à la 2e, à la 3e, etc. puissance, il doit entrer au p. g. c. d. avec l'exposant le plus faible de ceux qu'il a dans les nombres proposés.

Exemple. Soient les nombres :

$$72 = 2^3 \times 3^2$$
$$480 = 2^5 \times 3 \times 5$$
$$744 = 2^3 \times 3 \times 31$$

le p. g. c. d. est $2^3 \times 3 = 24$. En effet, quand on a supprimé, dans les trois nombres proposés, les facteurs 2^3 et 3, il ne reste plus que des facteurs premiers non communs aux nombres proposés. Or si, cette suppression étant faite, les trois nombres proposés avaient encore un diviseur commun, ils devraient renfermer tous trois les facteurs premiers de ce diviseur commun, ce qui est impossible, puisqu'il ne reste plus que des facteurs premiers non communs.

408. On trouve aussi très-facilement les quotients des nombres proposés. Il suffit de supprimer les éléments 2^3 et 3 dans ces nombres; ce qui reste est le quotient cherché. Ainsi

$$\frac{72}{2^3 \times 3} = 3$$

$$\frac{480}{2^3 \times 3} = 2^2 \times 5 = 20$$

$$\frac{744}{3^3 \times 3} = 31$$

409. On reconnaît facilement aussi que, si les nombres dont on cherche le p. g. c. d., par le procédé indiqué précédemment (**247**), sont divisibles par des diviseurs premiers entre eux, on peut commencer par supprimer ces diviseurs qui, n'ayant pas d'éléments communs aux nombres proposés, ne peuvent entrer dans leur p. g. c. d. Ainsi, par exemple, si je cherchais le p. g. c. d. de 308, de 480, et de 744, je pourrais remarquer que 308 est multiple de 11, tandis que 480 et 744 ne le sont pas, et que 480 est multiple de 5, facteur qui ne se trouve pas dans les deux autres nombres. Je pourrais donc, sans altérer le p. g. c. d., diviser 308 par 11 et 480 par 5. J'aurai ainsi à chercher le p. g. c. d. de 28, de 96. et de 744.

Je cherche le p. g. c. d. de 744 et de 96.

	7	1	3
744	96	72	24
72	24	0	

24 est le p. g. c. d. de 744 et de 96. C'est donc le produit de tous les facteurs premiers communs à ces deux nombres. Il reste à chercher quel est le diviseur commun à 28 et à 24.

	1	6
28	24	4
4	0	

c'est $4 = 2^2$. Parmi les éléments de 24 qui sont tous communs à 744 et à 96, il n'y a que le diviseur $4 = 2^2$ qui appartienne aussi à 28. Donc, c'est le p. g. c. d. des trois nombres 308, 480 et 744.

410. — Si l'on reconnaissait à première vue que les nombres proposés sont multiples d'un facteur commun, on pourrait le supprimer dans ces nombres; seulement il faudrait l'introduire dans le p. g. c. d., à la fin du calcul. Ainsi, soient les nombres 30 800; 48 000 et 74 400. On constate qu'ils sont multiples de 100; on les divise par 100. On trouve ensuite comme tout-à-l'heure, le p. g. c. d. et l'on multiplie 4 par 100. Le p. g. c. d. cherché est 400.

411. Troisième application. — *Recherche du plus petit commun multiple de plusieurs nombres.* Pour abréger, j'écrirai le p. p. c. m. au lieu d'écrire *le plus petit commun multiple.* — Le p. p. c. m. de plusieurs nombres est le plus petit nombre qui soit divisible par les nombres proposés. D'après la théorie des facteurs premiers, tous les éléments des nombres proposés sont dans le p. p. c. m., et il ne s'y trouve pas un élément de plus. Donc, pour le former, on peut 1° décomposer les nombres donnés en leurs facteurs premiers, et 2° combiner ces facteurs de façon qu'aucun d'eux ne soit omis, et que chacun soit répété dans le p. p, c. m. autant de fois qu'il l'est dans le nombre où il l'est le plus; c'est-à-dire, soit élevé à la plus grande puissance où il est élevé dans les nombres donnés. Soient encore les nombres ci-dessus donnés (**407**).

$$72 = 2^3 \times 3^2$$
$$480 = 2^5 \times 3 \times 5$$
$$744 = 2^3 \times 3 \times 31$$

Le p. p. c. m. est

$$2^5 \times 3^2 \times 5 \times 31 = 32 \times 9 \times 5 \times 31 = 44640.$$

En effet, dans le p. p. c. m., on peut supprimer successivement les 5 facteurs égaux à 2 de 480, les 2 facteurs égaux à 3 de 72, le facteur 5 de 480 et le facteur 31 de 744. Si le p. p. c. m. contenait un seul facteur de moins, on ne pourrait pas y supprimer successivement tous les facteurs premiers des nombres proposés; et, par conséquent, on ne pourrait pas le diviser par tous ces nombres.

Au n° **254**, on a trouvé 60 pour commun multiple de 12, de 4, de 15 et de 3. Il est facile de reconnaître que c'est le p. p. c. m. Car

$$12 = 2^2 \times 3$$
$$4 = 2^2$$
$$15 = 3 \times 5$$
$$3 = 3$$

Donc le p. p. c. m. est

$$2^2 \times 3 \times 5 = 4 \times 3 \times 5 = 60.$$

412. On peut se servir du p. g. c. d. de deux nombres pour calculer leur p. p. c. m. Ce procédé est même le plus commode, quand il est difficile de les réduire en facteurs premiers.

Soit à trouver le p. p. c. m. de 744 et de 96.

Je cherche, comme ci-dessus, le p. g. c. d. de 744 et de 96; je trouve 24 pour p. g. c. d. Cela posé, je divise par 24 un des nombres proposés, 96, par exemple; je trouve 4 pour quotient, et je multiplie par 4 l'autre nombre donné 744; je trouve pour produit 2 976 : c'est le p. p. c. m. demandé. En effet, si j'appelle q le quotient de 744 par le p. g. c. d. 24, et q' le quotient de 96 par ce même p. g. c. d., j'aurai

$$744 = 24 \times q$$
$$96 = 24 \times q'.$$

J'en conclus que le p. p. c. m. sera $24 \times q \times q' = 744 \times q'$. En effet, le p. p. c. m. cherché doit contenir d'abord tous les facteurs premiers de 744, ce qui exige qu'il soit au moins égal à 744; et il doit renfermer en outre tous les facteurs premiers particuliers à 96. Or q' est le produit de tous ces facteurs premiers. Car, tous les facteurs communs aux deux nombres ayant été pris pour former le p. g. c. d. 24, q' ne peut renfermer aucun facteur premier appartenant à 744. Donc il faut introduire dans le p. p. c. m. tous les facteurs premiers de q', ou, ce qui revient au même, multiplier 744 par q'.

413. Quatrième application. — *Transformation des fractions ordinaires en fractions décimales.* Comme on l'a vu (**120**), on transforme une fraction ordinaire en fraction décimale, en divisant le numérateur par le dénominateur et en calculant le quotient en décimales. Voici trois exemples de cette transformation.

1er ex. : $\frac{5}{16} = 0,3125$

```
 50 |16
 20 |0,3125
  40
   80
    0
```

2e ex. : $\frac{4}{11} = 0,36363636..$

```
 40 |11
 70 |0,3636.... La division ne se termine pas.
 40
 70
```

3° ex. : $\frac{7}{88}$ = 0,0795454.. 700 | 88

840 | 0,0795454... La division ne se termine pas.
480
400
480
400

Ces trois exemples comprennent tous les cas. En effet, de deux choses l'une : ou bien la division se termine, comme dans l'exemple 1er ; ou elle ne se termine pas, comme dans le 2e et le 3e. Quand la division ne se termine pas, après un certain nombre de divisions partielles, on doit nécessairement retrouver un des restes précédemment obtenus. Ce reste, suivi d'un zéro, fournit pour le quotient le même chiffre qu'il avait fourni d'abord et donne aussi le même reste ; de sorte qu'on retrouve dans le même ordre ce qu'on appelle une *période de chiffres*, qui se répète sans fin. En effet, en divisant par 11, on ne peut trouver pour reste que les nombres entiers inférieurs à 11 ; de sorte qu'après avoir trouvé 10 chiffres au plus du quotient, on doit retrouver les chiffres déjà obtenus. De même, en divisant par 88, on ne peut trouver pour reste que les 87 nombres inférieurs à 88. De là on tire le théorème suivant :

414. *Toutes les fois que la transformation d'une fraction ordinaire en fraction décimale conduit à une division qui ne se termine pas, on obtient une fraction décimale périodique ; et le nombre des chiffres de la période est au plus égal au dénominateur proposé, moins une unité.* Je dis : *au plus* ; car souvent il y en a moins : ainsi, dans le 2e et le 3e exemple ci-dessus, il n'y a que deux chiffres dans les périodes, tandis qu'il pourrait, d'après ce théorème, y en avoir 10 dans le 2e exemple et 87 dans le 3e. On conçoit, en effet, qu'avant d'avoir trouvé pour reste tous les nombres inférieurs au diviseur, on peut retomber sur un reste déjà obtenu ; ce qui annonce que la période va recommencer.

415. Le 2e et le 3e exemple présentent une différence qu'il est bon de remarquer. Dans le 2e, la période commence immédiatement après la virgule ; dans le 3e, elle ne commence qu'au 4e chiffre décimal. Une fraction comme 0,3636....., où tous les chiffres appartiennent à la *période*, s'appelle fraction *périodique simple*. Une fraction comme 0,07954 54.... est une faction *périodique mixte*.

416. D'où vient qu'une fraction ordinaire donne lieu à une fraction décimale non périodique, ou bien à une fraction périodique simple ou mixte? Nous allons démontrer que cela dépend des facteurs premiers qui composent le dénominateur de la faction ordinaire correspondante. Cette fraction s'appelle la *fraction génératrice*. Mais, avant de commencer cette démonstration, nous allons indiquer comment on passe de la fraction décimale à la fraction génératrice. Nous raisonnerons sur les trois exemples ci-dessus ; et l'on reconnaîtra facilement que nos raisonnements s'appliqueraient à des exemples quelconques.

417. 1° Nous avons $0{,}3125 = \frac{3125}{10000} = \frac{5}{16}$.

Car le p. g. c. d. de 3 125 et de 10 000 est 625, et, en divisant par 625 les deux termes de la fraction $\frac{3125}{10000}$, on obtient $\frac{5}{16}$.

418. 2° Si je développe $\frac{1}{9}$ en décimales, j'ai $\frac{1}{9} = 0{,}11111...$

Si je développe $\frac{1}{99}$ — j'ai $\frac{1}{99} = 0{,}010101...$

Si je développe $\frac{1}{999}$ — j'ai $\frac{1}{999} = 0{,}001001...$

Généralement, si je divise 1 par un nombre uniquement formé de 9, devrai, pour avoir un dividende partiel qui contienne le diviseur, écrire à la suite de 1 autant de fois 0 qu'il y a de 9 au diviseur. En divisant alors, j'obtiendrai le quotient 1, et le reste 1, sur lequel j'opèrerai comme sur le chiffre 1 proposé d'abord.

Or 0, 36 36 36... = 36 fois 0, 01 01 01....

Donc 0,363636... = 36 fois $\frac{1}{99} = \frac{36}{99} = \frac{4}{11}$, car le p. g. c. d. est 9.

Donc *une fraction périodique simple égale une fraction ordinaire, dont le numérateur est la période, et qui a pour dénominateur le chiffre 9 écrit autant de fois qu'il y a de chiffres dans cette période.*

Ainsi 0,428571428571... = $\frac{428571}{999999} = \frac{3}{7}$, car le p. g. c. d. est 142 857.

419. 3° 0,0795454... = 0,079 + 0,0005454.

Or, 0,079 = $\frac{79}{1000}$; et 0,0005454 = $\frac{0,5454}{1000}$ = $\frac{54}{99000}$ (418).

Donc, 0,0795454 = $\frac{79}{1000} + \frac{54}{99000}$.

Réduisant $\frac{79}{1000}$ et $\frac{54}{99000}$ au dénominateur commun 99000, je multiplierai le numérateur 79 par 99; ou, ce qui revient au même, je le multiplierai par 100 et je le retrancherai une fois. La fraction $\frac{79}{1000}$ deviendra ainsi $\frac{7900-79}{99000}$. Ajoutant alors la fraction $\frac{54}{99000}$, j'aurai $\frac{7900-79+54}{99000} = \frac{7954-79}{99000}$.

Donc *une fraction périodique mixte égale une fraction dont le numérateur se forme en écrivant les chiffres de la période à la suite des chiffres non périodiques, et en retranchant du nombre ainsi formé celui qu'expriment les chiffres périodiques. Quant au dénominateur, on l'obtient en écrivant le chiffre 9 autant de fois qu'il y a de chiffres dans la période, et en plaçant à la suite autant de zéros qu'il y a de chiffres non périodiques.*

420. Remarque. — Le dernier chiffre non périodique ne peut être identique au dernier chiffre de la période. Car, s'il en était ainsi, on se serait trompé en assignant le commencement de cette période ; elle commencerait un chiffre plus tôt qu'on ne l'aurait supposé. Par exemple, si, dans la fraction 0,07954 54...., le dernier chiffre non périodique, au lieu d'être 9, était 4 comme le dernier chiffre de la période 54, la fraction décimale deviendrait 0,0745454..., et alors la période commencerait véritablement au 3e chiffre décimal et serait 45. Il suit de cette remarque que le numérateur d'une fraction formée comme celle-ci : $\frac{7954 - 79}{99000}$ ne peut jamais se termine par un zéro.

Cherchons maintenant quels sont les caractères des trois fractions génératrices que nous venons de trouver, savoir :

1° $\frac{3125}{10000} = 0,3125 = \frac{5}{16} = \frac{5}{2 \times 2 \times 2 \times 2}$.
2° $\frac{36}{99} = 0,363636.... = \frac{4}{11}$.
3° $\frac{7954 - 79}{99000} = 0,0795454.... = \frac{7}{88} = \frac{7}{11 \times 2 \times 2 \times 2}$.

421. 1° Dans la fraction $\frac{3125}{10000}$, j'observe que le dernier chiffre du numérateur, qui n'est autre que le dernier chiffre décimal de 0, 3125, ne peut être un zéro ; car un zéro écrit après des chiffres décimaux est complétement inutile. Le numérateur 3 125 ne peut donc être multiple de 10, et, par conséquent, ne renferme pas à la fois les facteurs 2 et 5 ; mais il peut renfermer l'un ou l'autre de ces facteurs. Quant au dénominateur 10 000, il est divisible par 10 ; ou, ce qui revient au même, il se divise successivement par 2 et par 5, autant de fois qu'il contient de zéros, c'est-à-dire autant de fois qu'il y a de chiffres décimaux dans la fraction 0,3125. Donc le dénominateur contient à la fois l'élément 2 et l'élément 5, autant de fois qu'il y a de chiffres décimaux. Donc, lorsque pour simplifier la fraction, on aura supprimé tous les éléments communs au numérateur et au dénominateur, il ne restera pas, au dénominateur simplifié, d'autres éléments que 2 et 5 ; et l'un de ces éléments (celui qui n'est pas au numérateur) sera encore contenu dans le dénominateur autant de fois qu'il y était d'abord, c'est-à-dire autant de fois qu'il y a de chiffres dans la fraction décimale.

Donc, en général, *la fraction génératrice (supposée réduite à sa plus simple expression) qui donne lieu à une fraction décimale non périodique n'a pas, au dénominateur, d'autres facteurs premiers que 2 et 5, et le nombre des chiffres décimaux est égal au plus fort exposant avec lequel ces facteurs figurent dans ce même dénominateur.*

422. Réciproquement, toute fraction, dont le dénominateur simplifié n'a pas d'autres éléments que 2 et 5, donne lieu à une fraction décimale non périodique, et composée d'un nombre de chiffres égal au plus fort exposant des facteurs 2 et 5 dans le dénominateur dont il s'agit. En effet, la fraction étant supposée simplifiée autant que possible, le numérateur ne contient aucun des éléments du dénominateur. Or, pour rendre possible la division de ce numérateur par le dénominateur, il est nécessaire et suffisant d'introduire au numérateur tous les éléments du diviseur. Si le plus fort exposant des facteurs 2 et 5, au dénominateur, est 4 par exemple, il sera nécessaire et suffisant de multiplier le numérateur par une puissance de 10 qui contienne les facteurs 2^4 et 5^4. Ce sera 10^4 ou 1 suivi de 4 zéros. Au lieu de multiplier tout d'un coup par $10^4 = 10 \times 10 \times 10 \times 10$, on peut multiplier le numérateur 4 fois de suite par 10; ce qui donnera 4 chiffres décimaux au quotient du numérateur divisé par le dénominateur.

423. 2° Sur la seconde fraction $\frac{36}{99} = 0,3636$, je constate que le dénominateur étant terminé par un 9, n'est divisible ni par 2 ni par 5 (**349**). Donc les simplifications qu'on pourra faire subir à la fraction ayant pour effet de supprimer les éléments communs aux deux termes, mais non d'introduire au dénominateur quelque élément nouveau, je conclus généralement que :

La fraction génératrice (supposée réduite) qui donne lieu à une fraction périodique simple ne contient, dans son dénominateur, ni le facteur 2, ni le facteur 5.

424. 3° Considérons enfin la fraction $\frac{7954-79}{99000}=$ 0, 07 95454. Nous avons déjà reconnu que le numérateur, n'étant pas terminé par un zéro, n'est pas divisible par 10, et, par conséquent, ne contient pas à la fois les facteurs premiers 2 et 5. Quant au dénominateur 99000, il est égal à 99×1000. Le premier facteur 99, étant terminé par 9, n'a pour éléments ni 2, ni 5; et le second facteur $1000 = 2 \times 5 \times 2 \times 5 \times 2 \times 5$ renferme uniquement les éléments 2 et 5, répétés chacun trois fois, c'est-à-dire autant de fois qu'il y a de chiffres non périodiques dans 0,0795454.... Donc, après toutes les simplifications faites, il devra rester, dans le dénominateur, au moins un des éléments 2 et 5 (celui qui n'est pas au numérateur), répété autant de fois qu'il l'était auparavant, c'est-à-dire autant de fois qu'il y a de chiffres non périodiques. Quant aux éléments du facteur 99, tous différents de 2 et de 5, quelques-uns peuvent se trouver dans le numérateur et disparaître dans les simplifications; mais quelques-uns aussi devront rester au dénominateur. Car, sans cela, le dénominateur réduit ne contenant d'autres facteurs que 2 et 5, la fraction décimale produite par la fraction génératrice ne serait pas périodique (**422**).

Donc *les fractions génératrices* (*supposées réduites*) *correspondant à des fractions périodiques mixtes, comme celles qui produisent des fractions périodiques simples, ont, au dénominateur, d'autres facteurs que 2 et 5; mais, tandis que les génératrices des fractions périodiques simples ne possèdent pas du tout, au dénominateur, les facteurs 2 et 5, les génératrices des fractions périodiques mixtes contiennent au moins un de ces deux facteurs, répété autant de fois qu'il y a de chiffres non périodiques.* Ainsi $\frac{7}{88}=\frac{7}{11 \times 8}$ génératrice simplifiée de 0,0795454....., renferme au dénominateur l'élément 11, autre que 2 et 5, plus le facteur $8 = 2 \times 2 \times 2$, c'est-à-dire, le facteur premier 2, répété trois fois; autant de fois qu'il y a de chiffres avant la période,

425. Le dénominateur d'une fraction étant décomposé en ses facteurs premiers, on peut dire d'avance à quelle espèce de fraction décimale elle donnera lieu. En effet, de deux choses l'une : ou bien le dénominateur ne contient pas d'autres éléments que 2 et 5, et alors la fraction n'est pas périodique (**422**); où il contient d'autres éléments, et alors la fraction est périodique. Dans ce second cas, ou les éléments autres que 2 et 5 ne sont pas associés aux éléments 2 et 5 (alors la fraction est périodique simple) ; ou bien ils sont associés aux éléments 2 et 5 (alors la fraction est périodique mixte). De plus, le plus fort exposant des facteurs 2 et 5 est égal au nombre des chiffres décimaux dans la fraction non périodique ; et, dans la fraction périodique mixte, il est égal au nombre de chiffres écrits avant la période.

Exemples. — Soient à transformer en décimales les fractions réduites : $\frac{4}{21}$; $\frac{9}{32}$; $\frac{11}{30}$. La première fraction a pour dénominateur 3×7 ; la seconde 2^5 ; la troisième, $2 \times 5 \times 3$. J'en conclus que $\frac{4}{21}$ produira une fraction périodique simple (**423**); $\frac{9}{32}$, une fraction décimale non périodique et composée de cinq chiffres (**422**) ; et $\frac{11}{30}$, une fraction périodique mixte, dans laquelle il n'y aura qu'un chiffre avant la période (**424**). C'est ce qui arrive en effet. Car

$$\frac{4}{21} = 0,190476190476.....$$
$$\frac{9}{32} = 0,28125.$$
$$\frac{11}{30} = 0,36666.....$$

CHAPITRE III.

Racine carrée.

426. Le **carré** d'un nombre, c'est la 2e puissance de ce nombre, c'est-à-dire le produit de ce nombre multiplié par lui-même, ou bien encore le produit de l'unité multipliée deux fois de suite par ce nombre. Ainsi le carré de 2 est $2 \times 2 = 4$, ou encore $1 \times 2 \times 2 = 4$. Le carré de 3 est $3 \times 3 = 9$, ou bien $1 \times 3 \times 3 = 9$. La 2e puissance d'un nombre s'appelle *carré*, parce que, si l'on a mesuré le côté d'un carré, on peut en calculer la surface en multipliant par elle-même la longueur du côté. Un carré de 10 mètres de côté a pour surface $10 \times 10 = 100$ mètres carrés (**145**). Un carré de 5 mètres de côté a pour surface $5 \times 5 = 25$ mètres carrés. On représente la 2e puissance, ou le carré d'une quantité, en donnant à cette quantité l'exposant 2. Le carré de a est a^2 ; le carré de 10 est 10^2.....

427. La **racine carrée** d'un nombre est un second nombre qui, élevé au carré, reproduit le premier : 3 est la racine carrée de 9, parce que 3 élevé au carré donne 9 ; 6 est la racine carrée de 36 ; 9 celle de 81. Pour indiquer la racine carrée d'un nombre, on le met sous le signe $\sqrt{\ }$, qu'on appelle un *Radical*, expression abrégée qui équivaut à *signe radical*. Exemple : $\sqrt{25}$, qui se lit : *racine carrée de* 25.

ARTICLE I.

FORMATION DES CARRÉS.

Comme on vient de le dire, le carré d'un nombre se forme en multipliant le nombre par lui-même. D'après cette règle, cherchons quel est le carré de la somme, du produit et du quotient de deux nombres.

428. 1° Carré de la somme de deux nombres. Soit, par exemple, la somme $6+4$ à élever au carré. Je pose l'opération comme il suit :

multiplicande $= 6+4$,
multiplicateur $= 6+4$;

1er produit partiel $= 6\times6+4\times6$,
2e produit partiel $= 6\times4+4\times4$;

Produit total $= 6\times6+2\,(6\times4)+4\times4$.
C'est-à-dire $36+2\times24+16=100$.

J'obtiens le 1er produit partiel en multipliant $6+4$ par 6, premier terme du multiplicateur; et le deuxième en multipliant le multiplicande $6+4$ par 4, second terme du multiplicateur. En opérant ainsi, j'ai bien multiplié tout le multiplicande par les deux parties du multiplicateur. En formant le produit total, j'ai remarqué que $4\times6=6\times4$; de sorte que j'écris 2 fois 6×4 au lieu de $4\times6+6\times4$.

Le produit total comprend trois termes: 1° 6×6, c'est le carré de 6, premier terme de la somme $6+4$; 2° $2\,(6\times4)$, c'est deux fois le produit du premier terme par le second terme 4, ou, ce qui revient au même, le produit du double du premier terme multiplié par le second; 3° 4×4, c'est le carré du second terme 4.

En employant l'algèbre, on aurait :

$$\begin{array}{l} a + b \\ a + b \\ \hline a^2 + ab \\ \quad\;\; + ab + b^2 \\ \hline a^2 + 2\,ab + b^2 \end{array}$$

c'est-à-dire que

$$(1) \qquad (a + b)^2 = a^2 + 2\,ab + b^2.$$

Cette égalité que nous appellerons l'égalité *un*, pour abréger est une *formule*, c'est-à-dire un énoncé abrégé, qui, traduit en langage ordinaire, exprime que :

429. *Le carré de la somme de deux quantités comprend : 1° le carré de la première quantité ; 2° le produit du double de la première quantité par la seconde ; 3° le carré de la seconde quantité.*

430. En opérant sur $(a + 1)$ comme nous venons d'opérer sur $(a + b)$; ou, mieux encore, en remplaçant b par 1 dans la formule (1), on a la formule

$$(2) \quad (a + 1)^2 = a^2 + 2\,a + 1. \qquad \begin{array}{l} a + 1 \\ a + 1 \\ \hline a^2 + a \\ \quad\;\; + a + 1 \\ \hline a^2 + 2\,a + 1 \end{array}$$

Ce qui se traduit ainsi : *On passe du carré d'un nombre entier au carré du nombre suivant, en ajoutant au carré du premier nombre deux fois ce nombre plus un.* Ainsi, on passe de $5^2 = 25$ à $6^2 = 36$, en ajoutant, à 25, deux fois 5 plus 1, c'est-à-dire 11 en tout. Et, en effet, $25 + 11 = 36$.

431. Cela donne un moyen rapide de calculer les carrés des cent premiers nombres, tels qu'ils se trouvent dant la table suivante :

0	0	0	1	2	3	4	5	6	7	8	9
1	1	100	121	144	169	196	225	256	289	324	361
4	2	400	441	484	529	576	625	676	729	784	841
9	3	900	961	1024	1089	1156	1225	2961	1369	1444	1521
16	4	1600	1681	1764	1849	1936	2025	2116	2209	2304	2401
25	5	2500	2601	2704	2809	2016	3025	3136	3240	3364	3481
36	6	3600	3721	3844	3969	4096	4225	4356	4489	4624	4761
49	7	4900	5041	5184	5329	5476	5625	5776	5929	6084	6241
64	8	6400	6561	6724	6889	7056	7225	7396	7569	7744	7921
81	9	8100	8281	8464	8649	8836	9025	9216	9409	9604	9801

Enfin $100 \times 100 = 10000$.

S'agit-il, par exemple, de passer de $63^2 = 3969$ à 64^2 : j'ajoute à 3969 deux fois 63 plus 1, c'est-à-dire 127, et j'ai $4096 = 64^2$.

On se sert de cette table à peu près comme de la table de multiplication. Le carré des neuf premiers nombres se trouve dans la première colonne à gauche. Le carré d'un nombre de deux chiffres, comme 73, par exemple, se trouve à droite du premier chiffre 7 et sous le second chiffre 3; c'est 5329. De même $56^2 = 3136$.

432 Remarque I. — Les différences entre les carrés consécutifs, à partir de 0 qui est le carré de 0, sont

1, 3, 5, 7, 9, 11, 13, 15, 17, 19, 21, 23, 25.....

c'est-à-dire la suite des nombres impairs. De là une seconde manière plus facile encore de calculer la table ci-dessus. On dit : **1** et 3 font **4** ; 4 et 5 font **9** ; 9 et 7 font **16** : 16 et 9 font **25** ; etc.

433. **Remarque II.** — Tous les carrés ont pour dernier chiffre 0, 1, 4, 9, 6 et 5. Pas un carré ne finit par 2, 3, 7 ou 8.

434. En opérant sur $(a + \frac{1}{2})$ comme sur $(a + b)$; ou plus simplement en supposant $b = \frac{1}{2}$ dans la formule (1), on a la formule :

(3) $(a + \frac{1}{2})^2 = a^2 + a + \frac{1}{4}$

$$\begin{array}{l} a + \frac{1}{2} \\ a + \frac{1}{2} \\ \hline a^2 + \frac{1}{2}a \\ \quad\;\; + \frac{1}{2}a + \frac{1}{4} \\ \hline a^2 + a + \frac{4}{1} \end{array}$$

435. 2° *Carré du produit de deux nombres.* Soit à former le carré du produit de 5 par 3 ; on aura

$5 \times 3)^2 = 5 \times 3 \times 5 \times 3 = 5 \times 5 \times 3 \times 3 = 5^2 \times 3^2$

Algébriquement, on a

(4) $$(ab)^2 = ab \times ab = aabb = a^2b^2$$

Donc *on élève un produit au carré en élevant au carré ses facteurs.*

436. 3° *Carré d'un quotient ou d'une fraction.* Soit la fraction $\frac{3}{4}$; on a :

$$\left(\frac{3}{4}\right)^2 = \frac{3}{4} \times \frac{3}{4} = \frac{3 \times 3}{4 \times 4} = \frac{3^2}{4^2}$$

Algébriquement on a :

(5) $$\left(\frac{a}{b}\right)^2 = \frac{a}{b} \times \frac{a}{b} = \frac{a \times a}{b \times b} = \frac{a^2}{b^2}$$

Donc *on élève au carré un quotient ou une fraction, en élevant au carré chacun de ses termes.*

ARTICLE II.

EXTRACTION DE LA RACINE CARRÉE DU PLUS GRAND CARRÉ CONTENU DANS UN NOMBRE.

437. Un nombre entier est un *carré parfait*, quand il est le produit d'un nombre entier multiplié par lui-même; et ce second nombre est la racine carrée du premier. La table des carrés (**431**) fait donc connaître en même temps cent carrés parfaits et leurs racines carrées.

338. Tout nombre entier qui n'est pas un carré parfait n'a pas de racine carrée exacte. Car, s'il en avait une, elle serait entière ou fractionnaire : il n'y a pas de milieu. Par supposition, elle n'est pas entière. Or je dis qu'elle n'est pas non plus fractionnaire. En effet, s'il en était ainsi, on pourrait supposer cette racine fractionnaire réduite à sa plus simple expression, et la représenter alors par $\frac{a}{b}$, fraction dans laquelle a et b n'auront aucuns facteurs communs. Soit e, le nombre entier dont $\frac{a}{b}$ serait la racine carrée exacte; on aurait ainsi exactement $\frac{a^2}{b^2}=e$; ce qui est impossible. Car, si deux nombres sont premiers entre eux, comme le sont ici a et b, leurs puissances quelconques sont aussi premières entre elles (**400**). Donc, a^2 et b^2 étant premiers entre eux, a^2 n'est pas divisible par b^2, puisqu'on a vu (**396**) qu'une division est possible seulement quand le dividende contient tous les facteurs premiers du diviseur. Donc, $\frac{a^2}{b^2}$ n'est pas exactement égal au nombre entier e. Donc e n'a pas de racine carrée exacte, c'est-à-dire, qu'aucun nombre, soit entier, soit fractionnaire, multiplié par lui-même, ne donnera exactement pour produit le nombre e.

439. S'il s'agit de la racine carrée d'une fraction, cette racine ne sera exacte que dans le cas où les termes, réduits à la plus simple expression, seront des carrés parfaits ; de sorte que la fraction réduite pourra se représenter sous la forme $\frac{a^2}{b^2}$. En effet, d'abord, $\frac{a^2}{b^2}$ a pour racine carrée exacte $\frac{a}{b}$ Mais une fraction qui, étant réduite, serait de la forme $\frac{m}{n}$. (m et n représentant des nombres entiers qui ne sont pas des carrés parfaits), ne peut avoir de racine carrée exacte. En effet, d'abord, cette racine exacte ne peut être un nombre entier ; car un nombre entier multiplié par lui-même donnerait un nombre entier et non pas la fraction irréductible $\frac{m}{n}$. Ensuite $\frac{m}{n}$ n'est pas exactement le carré d'une fraction $\frac{c}{d}$, qu'on peut supposer elle-même réduite. En effet, si l'on avait exactement :

$$\frac{c^2}{d^2} = \frac{m}{n}$$

comme, d'après la supposition, $\frac{m}{n}$ est une fraction irréductible, et que $\frac{c^2}{d^2}$ l'est aussi, puisque $\frac{c}{d}$ l'est (**400**), il en résulterait que m égalerait c^2 et que n égalerait d^2 (**401**); ce qui ne peut avoir lieu, parce que m et n ne sont pas des carrés parfaits.

440. Donc, ***les seuls nombres qui aient des racines carrées exactes sont les nombres entiers qui sont des carrés parfaits, et les fractions dont les termes réduits sont des carrés parfaits.***

441. Comme on l'a vu (**431**), depuis 1, dont le carré est 1, jusqu'à 100, dont le carré est 10 000, il n'y a que *cent* carrés parfaits, sur 10 000 nombres entiers, ce qui fait la centième partie. Depuis 1 jusqu'à 1 000 000 = 1 000^2, il n'y a que *mille* carrés parfaits, sur un million de nombres; ce qui fait la millième partie. Donc l'immense majorité des nombres entiers ne sont pas des carrés parfaits. Il en est de même des fractions, dont les termes, qui sont des nombres entiers, ne sont que très-rarement des carrés parfaits. Un nombre entier ou fractionnaire étant pris au hasard, il est donc très-probable qu'il n'aura pas de racine carrée exacte. Ces racines qu'on ne peut calculer exactement sont ce qu'on appelle des nombres *incommensurables*. Ainsi, la racine carrée de 2 est incommensurable ; c'est-à-dire que l'unité, qui mesure exactement le nombre 2, ne mesure pas exactement $\sqrt{2}$, en quelques parties qu'on la divise.

442. Si l'on ne peut calculer d'une manière exacte la racine carrée d'un nombre qui n'est pas un carré parfait, on peut du moins extraire la racine carrée du plus grand carré contenu dans un nombre donné ; et nous allons indiquer le procédé à suivre pour cela. Nous distinguerons plusieurs cas : 1° celui où le nombre donné est entier et < 100 ; 2° celui où il est entier, > 100 et $< 10\,000$; 3° celui où il est entier et $> 10\,000$; 4° celui où le nombre donné est fractionnaire.

Ier CAS.

Le nombre donné est entier et < 100.

443. Il suffit de savoir par cœur les carrés des dix premiers nombres entiers.

Racines carrées	1,	2,	3,	4,	5,	6,	7,	8,	9,	10.
Carrés	1,	4,	9,	16,	25,	36,	49,	64,	81,	100.

Soit maintenant à calculer $\sqrt{73}$. Le plus grand carré contenu dans 73 est 64, dont la racine carrée est 8.

IIe CAS.

Le nombre donné est entier, > 100 *et* $< 10\,000$.

444. On pourrait se servir de la table des carrés **(431)**. On trouverait ainsi que $\sqrt{5\,329} = 73$. Mais on procède ordinairement comme il suit :

$a^2 + 2ab + b^2$ sont dans 53.29	$73 = a + b$
$a^2 = 49$	$143 = 2a + b$
$2ab + b^2$ sont dans 42.9	$3 = b$
$2ab + b^2 =$ 429	$429 = 2ab + b^2$
0	

5 329 étant > 100 et < 10 000, la racine du plus grand carré qu'il renferme est > $10 = \sqrt{100}$, et elle est < $100 = \sqrt{10\,000}$. Donc elle renferme un chiffre de dizaines et un chiffre d'unités. J'appelle a le nombre des dizaines, et b le nombre des unités. La racine carrée sera ainsi $a + b$. Donc le nombre proposé doit renfermer $a^2 + 2ab + b^2$; c'est-à-dire le carré des dizaines, le produit du double des dizaines par les unités, et le carré des unités.

Où pourrai-je trouver a^2, carré des dizaines? Dans les 53 centaines du nombre proposé. En effet on multiplie par lui-même un nombre de dizaines (qui se termine par un zéro), en multipliant comme si le zéro n'y était pas et en écrivant deux zéros à droite; ce qui a pour effet de changer le résultat en centaines. Quel est le plus grand carré contenu dans 53 centaines? C'est 49 centaines. Donc 5 329 contient le carré de 70, lequel est 4 900, mais ne contient pas le carré de 80, qui serait 6 400. Donc a, le chiffre des dizaines de la racine, est 7.

Je retranche 49 centaines de 53 centaines; j'ai pour reste 4, à la suite duquel j'écris 29. Cela revient à retrancher $4\,900 = a^2$ de $5\,329 = a^2 + 2ab + b^2$. Donc il reste $429 = 2ab + b^2$.

Où trouver $2ab$? C'est le produit de 14 dizaines, double des 7 dizaines maintenant connues, par le chiffre des unités qui reste à trouver. En multipliant 14 dizaines par un nombre entier d'unités, j'obtiendrai un certain nombre de dizaines. Donc $2ab$ se trouve dans les 42 dizaines de 429. Quel est le multiple de 14 contenu dans 42? C'est le produit de 14 par 3. Donc 3 pourrait être le chiffre des unités. Avant de l'écrire à la racine, je pose $3 = b$ à la suite de 14 dizaines $= 2a$: j'ai ainsi $143 = 2a + b$, et je multiplie par b. J'obtiens ainsi $429 = (2a + b) \times b = 2ab + b^2$. C'est ce que doit contenir le reste obtenu en retranchant $4\,900 = a^2$. En effet, je soustrais 429 de 429, et il ne reste rien. D'où je conclus que $5\,329 = 73^2$. Car 5 329 renferme le carré des 7 dizaines, qui est 4 900 ; le produit du double des 7 dizaines par les 3 unités, lequel est 420 ; 9, carré des unités ; et ne renferme rien de plus, puisque nous avons retranché ces trois choses de 5 329 et qu'il n'est rien resté.

445. Dans le calcul précédent, des raisonnements, qui s'appliqueraient à tout autre exemple semblable, nous ont conduit :

1° *A préparer l'opération comme s'il s'agissait d'une division, en plaçant le nombre proposé à la place du dividende, et en réservant la place du diviseur pour y écrire la racine carrée.*

2° *A séparer par un point les chiffres du nombre donné en deux tranches, dont l'une, placée à droite du point, renferme les unités et les dizaines ; et l'autre, placée à gauche, contient les autres chiffres.*

3° *A écrire, à la place réservée pour cela, la racine carrée du plus grand carré contenu dans la tranche placée à gauche du point : on a ainsi obtenu le chiffre des dizaines de la racine.*

4° *A soustraire de la tranche placée à gauche du point le carré du chiffre des dizaines et à écrire la tranche droite à la suite du reste, en séparant par un point le dernier chiffre : on a trouvé ainsi ce que j'appelle le premier reste.*

5° *A écrire, au dessous de la place réservée à la racine carrée, le double du chiffre des dizaines de cette racine.*

6° *A diviser par ce double des dizaines le premier reste privé de son dernier chiffre.*

7° *A essayer le quotient, en l'écrivant une première fois à la suite du diviseur, et une seconde fois au-dessous, comme multiplicateur; en faisant la multiplication, et en retranchant le produit du premier reste pris dans son entier.*

8° *A écrire à la racine le chiffre des unités.*

Si le nombre proposé est un carré parfait, la dernière soustraction donne pour résultat zéro. S'il en est autrement, elle fait connaître un second reste, qui est l'excès du nombre proposé sur le plus grand carré qu'il contient.

446. Dans quel cas le second reste sera-t-il assez grand pour qu'on doive remplacer par un chiffre plus fort celui qu'on vient d'essayer? Lorsque ce reste surpassera le double du nombre qu'on se proposait de prendre pour racine carrée. Cela résulte de la formule (2) $(a + 1)^2 = a^2 + 2a + 1$.

447. Dans quel cas ce reste permettra-t-il d'affirmer que le nombre proposé contient le carré du nombre trouvé pour racine, plus une demi-unité? Quand le reste surpassera la racine calculée. C'est une conséquence de la formule (3) $\left(a + \frac{1}{2}\right)^2 = a^2 + a + \frac{1}{4}$.

448. Le calcul que nous venons de faire peut être simplifié :

1° On peut ne pas écrire le carré des dizaines.

2° On écrit le chiffre des unités comme multiplicateur à la suite du multiplicande.

3° On n'écrit pas le produit $(2a + b) \times b$; mais on retranche chacune des parties de ce produit, à mesure qu'on les forme. Voici comment se dispose alors l'opération :

53.2 9	73
4 2.9	143 × 3
0 0 0	

Autre exemple :	77.3 4	87
1er reste	13 3.4	167 × 7
2e reste	1 6 5	

Ici, j'ai eu à diviser 133 par 16, double des 8 dizaines. Il semble que j'aurais pu écrire 8 pour le chiffre des unités ; mais j'ai considéré que si je prenais 8 pour chiffre des unités, 64, carré des unités, donnerait 6 dizaines, de sorte que sur les 133 dizaines de 1 334, il n'y en aurait que 127 provenant de $2\,ab$, double produit des dizaines par les unités. Or, 8 fois 16 donnent 128. C'est pour ce motif que j'ai choisi 7, au lieu de 8. J'ai trouvé ainsi pour second reste 165, lequel, quoique étant considérable, ne l'est pourtant pas assez pour mettre 88 à la racine. En effet, le nombre proposé renferme le carré de 87, plus 165. Or, le carré de 88 renferme le carré de 87, plus 2 fois 87 = 174 plus 1, c'est-à-dire plus 175. Il manque donc encore 10 unités au nombre proposé, pour que la racine soit 88. Mais il suffit que le reste surpasse 87 pour affirmer que 7 734 renferme le carré de $\left(87 + \frac{1}{2}\right)$.

IIIe CAS.

Le nombre proposé est entier et $>$ 10 000.

449. Soit à extraire la racine carré du nombre 617 453. On opère ainsi :

1er exemple :	61.7 4.53	785
	127. 4	148 × 8
	90 5.3	1565 × 5
	1228	

Le nombre proposé étant > 100, la racine du plus grand carré qu'il contient est > 10, et, par conséquent, renferme a dizaines et b unités. Le carré des dizaines est un certain nombre de centaines. C'est le plus grand carré renfermé dans les 6 174 centaines du nombre proposé. Je suis donc conduit à séparer par un point une tranche composée des deux derniers chiffres 53, et à chercher, par le procédé du 2e cas, la racine du plus grand carré contenu dans 6 174 centaines. Cette racine est 78. Outre le carré de 78, le nombre 6 174 renferme encore 90, reste inférieur au double de 78. Donc 78 est bien a ou le nombre des dizaines. Il reste donc 90 centaines ou 9 000, qui, joints à 53 unités contenues dans le nombre proposé, donnent en tout 9 053, nombre sur lequel je raisonne absolument comme je l'ai fait sur le premier reste des exemples traités au 2e cas. 9 053 contient $2\,ab + b^2$. $2\,ab$ est un nombre de dizaines : donc $2\,ab$ se trouve dans les 905 dizaines de 9 053. Je divise 905 dizaines par $2\,a = 156$ dizaines. Je suppose que le quotient b est probablement 5 ; mais, avant de le mettre à la racine, je l'essaie, en l'écrivant à la suite du diviseur 156 dizaines, je multiplie par 5 le nombre 1 565, et, de 9 053, retranchant le produit $1\,565 \times 5$, à mesure que je le forme, j'ai pour 3e reste 1 228, lequel n'est pas assez fort pour que la racine soit 786 au lieu d'être 785, parce que 1 228 est plus petit que le double de 785, plus 1.

2e exemple : 5.32.48.72...	2307
1 3.2	43 × 3
3487.2	4607 × 7
2623	

Ici, j'ai pour 2e reste 3, et, en abaissant la tranche suivante, j'obtiens 348. Si j'y séparais par un point le chiffre 8, j'aurais à diviser 34 par 46. Comme 34 ne contient pas 46, j'en conclus qu'il n'y a pas 231, mais seulement 230 à la racine : j'écris donc 0 à la suite de 23. Inutile d'essayer le chiffre 0 ; car je suis sûr d'avance qu'il est exact. Inutile de retrancher le produit $230 \times 0 = 0$; car j'aurais le même reste 348. Je complète donc immédiatement ce reste, en abaissant à la suite la dernière tranche 72 ; et j'opère sur

3 4872 comme sur 132. J'ai pour reste 2 623, inférieur au double de 2 307. Donc la racine du plus grand carré contenu dans 5 324 872 est 2 307.

3e exemple : 83. 12. 62. 45. 68	91173
2 1.2	181 × 1
3 1 6.2	1821 × 1
1 3 4 1 4.5	18227 × 7
6 5 5 5 6.8	182343 × 3
1 0 8 6 3 9	

Le dernier reste est plus petit que le double de 91 173.

450. Si l'on veut faire la preuve, on multiplie 91 173 par lui-même, et l'on ajoute au produit le reste 108 639 : on retrouve ainsi le nombre 8 312 624 568.

$$
\begin{array}{r}
91173 \\
91173 \\
\hline
273519 \\
638211 \\
91173 \\
91173 \\
820557 \\
\hline
8312515929 \\
108639 \\
\hline
8312624568
\end{array}
$$

451. On pourrait aussi faire la preuve par 9. En effet, si l'on a bien opéré, on a

$$8\,312\,624\,568 = 91\,173 \times 91\,173 + 108\,639.$$

Je puis donc regarder le nombre proposé comme un dividende, dont le diviseur et le quotient sont tous deux égaux à 91 173, et dont le reste est 108 639. J'opère donc ainsi. Je cherche le reste par 9 de 91 173 : c'est 3. Je multiplie 3 par 3 : le produit est 9, qui, divisé par 9, donne 0 pour reste. J'ajoute à 0 le reste par 9 de 108 639, lequel est encore 0. Donc le reste par 9 du nombre proposé doit être 0 : c'est ce qui arrive en effet.

452. Donc, en général, *le reste par 9 du nombre dont on extrait la racine carrée doit, si l'on a bien opéré, égaler le reste par 9 du reste de la racine, plus le reste par 9 du reste de l'opération. Même procédé pour la preuve par* 11.

453. De ce qui précède, on tire le procédé général qu'il convient de suivre pour extraire la racine du plus grand carré contenu dans un nombre entier quelconque.

1° *Séparez les chiffres en tranches de deux chiffres chacune, à commencer par la droite.*

2° *Cherchez quelle est la racine du plus grand carré contenu dans la première tranche à gauche ; écrivez à la racine le chiffre ainsi trouvé, et retranchez le carré de ce chiffre de la première tranche à gauche. Vous aurez ainsi un reste, à la suite duquel vous abaisserez les deux chiffres de la tranche suivante, et vous séparerez le dernier de ces chiffres par un point. Les chiffres qui précéderont ce point formeront ce que j'appelle le premier dividende partiel.*

3° *Divisez ce premier dividende partiel par un premier diviseur formé en doublant le chiffre de la racine déjà trouvé.*

4° *Avant d'écrire le quotient à la racine, essayez-le comme il suit. Vous l'écrirez à la suite du diviseur ; vous multiplierez par ce même quotient, et le produit sera ensuite retranché du premier dividende partiel, complété par le chiffre séparé d'abord. Le quotient ainsi vérifié sera bon, si la soustraction peut se faire, et si le reste ne surpasse pas le double de la racine terminée par le chiffre essayé.*

5° *Écrivez à la racine le chiffre reconnu exact. A la suite du reste, abaissez la tranche suivante, séparez le dernier chiffre par un point. Vous obtiendrez ainsi un second dividende partiel, que vous diviserez comme le précédent, par le double de la partie de la racine alors connue.*

6° *Vérifiez ce quotient comme le précédent, et continuez à suivre la même marche jusqu'à ce que la dernière tranche soit abaissée.*

7° *Si le dividende partiel ne contenait pas le diviseur correspondant, on écrirait 0 à la racine, et l'on abaisserait immédiatement la tranche suivante.*

454. Ce procédé fournira évidemment autant de chiffres, à la racine, qu'il y aura de tranches, dans le nombre proposé. En le suivant, on pourra calculer, à une unité près, la racine carrée d'un nombre entier, quelque grand qu'il soit, c'est-à-dire, trouver un nombre entier tel que son carré soit plus petit que le nombre proposé, tandis que le carré du nombre entier qui lui est supérieur d'une unité surpasserait ce même nombre proposé.

IVe CAS.

Le nombre donné est fractionnaire.

455. Nous supposerons que le nombre est donné sous la forme d'une fraction. S'il était composé d'un nombre entier et d'une fraction, on commencerait par transformer l'entier en fraction (**233**).

456. La racine carrée d'une fraction ne peut être un nombre entier ; car un nombre entier, multiplié par lui-même, donnerait un nombre entier. Donc la racine carrée d'une fraction est une seconde fraction, qui, multipliée par elle-même, reproduit la première. Or on multiplie une fraction par elle-même en multipliant le numérateur par lui-même, ainsi que le dénominateur. Donc le numérateur de la racine carrée, multiplié par lui-même, reproduit le numérateur de la fraction proposée. Il en est de même du dénominateur.

Donc *on extrait la racine carrée d'une fraction, en extrayant séparément la racine carrée du numérateur et celle du dénominateur.* Ainsi, par exemple, $\sqrt{\frac{9}{16}} = \frac{3}{4}$; $\sqrt{\frac{36}{100}} = \frac{6}{10} = 0,6$.

457. Si les termes de la fraction proposée, préalablement réduite à sa plus simple expression, ne sont pas des carrés parfaits, on ne peut pas exprimer exactement la racine carrée (**439**). Si la fraction n'était pas réduite, il pourrait se faire qu'elle eût une racine exacte, quoique ces termes non réduits ne fussent pas des carrés parfaits. Ainsi $\sqrt{\frac{27}{48}} = \sqrt{\frac{9}{16}} = \frac{3}{4}$, quoique 27 et 48 ne soient pas des carrés parfaits.

458. On peut toujours rendre le dénominateur un carré parfait. Il suffit, pour cela, de multiplier par ce dénominateur les deux termes de la fraction. Ainsi $\sqrt{\frac{2}{5}} = \sqrt{\frac{10}{25}} = \frac{\sqrt{10}}{5}$. On peut même se contenter de multiplier les deux termes de la fraction par un facteur convenablement choisi. Ainsi $\sqrt{\frac{7}{12}} = \sqrt{\frac{21}{36}} = \frac{\sqrt{21}}{6}$. En effet, $12 = 3 \times 2^2$. Le facteur 2 étant déjà élevé au carré, si l'on multiplie par 3 le produit 3×2^2, on aura $3^2 \times 2^2 = (3 \times 2)^2$, puisqu'on élève un produit au carré en élevant au carré ses facteurs.

459. L'extraction de la racine carrée des fractions fournit un procédé qui permet d'approcher, autant qu'on le veut, des racines incommensurables. Si l'on demande à $\frac{1}{1000}$ d'unité près la racine carrée du nombre a qui n'est pas un carré parfait, j'écrirai :

$$a = \frac{a \times 1000^2}{1000^2}$$

égalité évidente, puisque a étant successivement multiplié et divisé par 1000^2, n'a pu changer de valeur. J'en conclus :

$$\sqrt{a} = \sqrt{\frac{a \times 1000^2}{1000^2}} = \frac{\sqrt{a \times 1000^2}}{1000}$$

$a \times 1000^2$ est un nombre entier, dont je puis extraire la racine carrée à une unité près. Or, chacune des unités du numérateur $\sqrt{a \times 1000^2}$ représente un millième d'unité. Donc, pour calculer à un millième d'unité près, la racine carrée du nombre a, il suffit de calculer, à une unité près, celle de $a \times 1000^2$, et de regarder le nombre ainsi trouvé comme exprimant des millièmes d'unité.

460. Généralement, soit $\frac{1}{m}$ la fraction qui marque le degré d'approximation qu'on désire atteindre, on aura

$$\sqrt{a} = \sqrt{\frac{a\ m^2}{m^2}} = \frac{\sqrt{a\ m^2}}{m},$$

et, en calculant à une unité près $\sqrt{a\ m^2}$, on aura $\sqrt{a}$ avec une approximation marquée par la fraction $\frac{1}{m}$.

Ainsi, *pour calculer une racine incommensurable, à une certaine partie d'unité près, on multiplie le nombre proposé par le carré du nombre qui indique le degré d'approximation; on extrait la racine à une unité près, et on place au-dessous du résultat le nombre par le carré duquel on a multiplié.*

D'après ce principe, on trouverait à $\frac{1}{12}$ d'unité près la racine de 5, en multipliant 5 par 144; ce qui donne 720, dont la racine, calculée à une unité près, st 26; et l'on aurait $\sqrt{5} = \frac{26}{12}$, à $\frac{1}{12}$ près.

461. Pour trouver, à $\frac{1}{12}$ près, la racine carrée de la fraction $\frac{3}{7}$, il faudrait pareillement la transformer en 144mes. Pour cela, on multiplierait d'abord les deux termes par 144 : on aurait $\frac{3 \times 144}{7 \times 144}$. Mais, pour n'avoir que 144 au dénominateur, on diviserait par 7 les deux termes de cette fraction. On aurait ainsi $\frac{432 : 7}{144} = \frac{61\frac{5}{7}}{144}$. Or, $\sqrt{\frac{61\frac{5}{7}}{144}} = \frac{\sqrt{61\frac{5}{7}}}{12} = \frac{7}{12}$, à $\frac{1}{12}$ près. En effet, la racine cherchée contient autant de douzièmes qu'il y a d'unités dans $\sqrt{61\frac{5}{7}}$. Dans $61\frac{5}{7}$, on peut supprimer $\frac{5}{7}$ et regarder le plus grand carré renfermé dans 61 comme étant le même qui est renfermé dans $61\frac{5}{7}$. Car les carrés parfaits consécutifs différant entre eux de plusieurs unités, ce n'est pas la fraction $\frac{5}{7}$ qui peut introduire dans $61\frac{5}{7}$ un carré parfait supérieur d'une unité à celui qui est dans 61. On peut généraliser cette remarque et poser la règle suivante.

462. *Pour calculer, à une unité près, la racine carrée d'un nombre composé d'une partie entière et d'une fraction, on peut négliger la fraction, et chercher, à une unité près, la racine carrée de la partie entière seulement.*

Ordinairement, la racine approchée se calcule en décimales. Pour calculer à $\frac{1}{10}$ près, on multiplie par 100 ; pour calculer à $\frac{1}{100}$ près, on multiplie par 10000.

463. *Généralement, pour avoir un certain nombre de chiffres décimaux à la racine carrée, on écrit, à la droite du nombre proposé, assez de zéros pour avoir deux fois plus de chiffres décimaux qu'on ne veut en avoir à la racine.*

Soit à calculer, comme exemple, $\sqrt{2}$, avec 7 chiffres décimaux; je mettrai, à la suite de 2, sept tranches de deux zéros, ou, ce qui est plus simple, je les introduirai à mesure qu'ils deviendront utiles dans le cours du calcul.

2	1,4142135
10.0	24 × 4
40.0	281 × 1
1190.0	2824 × 4
6040.0	28282 × 2
38360.0	282841 × 1
1007590.0	2828423 × 3
15906310.0	28284265 × 5
17651775	

La racine carrée est 1,414 213 5, à un dix-millionième d'unité près ; ce nombre, élevé au carré, donnerait moins de 2 ; mais 1,414 213 6, élevé au carré, donnerait plus de 2. En effet l'un des carrés est :

1,999 999 823 48225 ;

et l'autre est 2,000 000 106 32496.

464. Remarque I. — La racine carrée de 2 est

entre	1	et	2
..	1,4	..	1,5
..	1,41	..	1,42
..	1,414	..	1,415
..	1,4142	..	1,4143
..	1,41421	..	1,41422
..	1,414293	..	1,414214
..	1,4142135	..	1,4142136

465. Remarque II. — On peut donc, par la méthode ci-dessus, trouver des nombres de plus en plus rapprochés de $\sqrt{2}$. Car les deux nombres décimaux placés sur la même ligne diffèrent, d'abord d'une unité, ensuite d'un dixième, puis d'un centième, d'un millième, d'un dix-millième, d'un cent-millième, d'un millionième, d'un dix-millionième ; et $\sqrt{2}$ étant toujours entre les deux nombres qui se correspondent, diffère de chacun d'eux moins qu'ils ne diffèrent entre eux. Les nombres qui sont à gauche sont approchés *par défaut* ; ceux qui sont à droite sont approchés *par excès*. $\sqrt{2}$ est donc une *limite* dont s'approchent constamment les nombres placés à gauche ainsi que les nombres placés à droite ; les uns restant toujours au-dessous, et les autres restant toujours au-dessus. Il en est de même d'une racine incommensurable quelconque ; elle est toujours à la fois la *limite supérieure* d'une série de nombres décimaux et la *limite inférieure* d'une autre série, les nombres correspondants de ces deux séries différant entre eux de moins en moins à mesure que l'approximation est poussée plus loin. — Quelques auteurs se servent de cette propriété pour définir les racines incommensurables. Dans cette manière de voir, $\sqrt{2}$ ne se définirait pas : *le nombre qui, multiplié par lui-même, donne* 2, mais $\sqrt{2}$ serait *la limite des deux séries de nombres décimaux placés ci-dessus.*

466. Remarque III. — Comme le procédé que nous venons d'exposer permet d'approcher aussi près qu'on veut de la racine carrée, on peut substituer la racine approchée, qui est commensurable, à la racine incommensurable ; et l'erreur qui en résultera pourra être regardée comme nulle, puisqu'elle peut descendre au-dessous de la plus petite valeur qu'on voudra fixer. Voilà pourquoi l'on dit ordinairement qu'on extrait la racine carrée d'un nombre, lors même qu'on la calcule seulement par approximation. C'est dans ce sens qu'on écrira $\sqrt{2} = 1,414\ 214$ *.

CHAPITRE IV.

Racine cubique.

467. Le *cube* d'un nombre, c'est la 3e puissance de ce nombre, c'est-à-dire, le produit de ce nombre multiplié deux fois de suite par lui-même, ou bien encore le produit de l'unité multipliée trois fois de suite par ce nombre. Ainsi le cube de 2 est $2 \times 2 \times 2 = 1 \times 2 \times 2 \times 2 = 8$. Le cube de 3 est $3 \times 3 \times 3 = 1 \times 3 \times 3 \times 3 = 27$. La 3e puis-

* J'ai mis 4 au lieu de 3 pour le sixième chiffre décimal, parce que $\sqrt{2} = 1,414\ 213\ 56.....$ Or, $1,414\ 214\ 00$ en approche plus que $1,414\ 213\ 00$. — Il suffit de lire 14 et 14 font 2 fois 14, pour retenir toujours $\sqrt{2} = 1,414\ 214$.

sance d'un nombre s'appelle *cube*, parce que, si l'on a mesuré le côté d'un cube, on en aura le volume, en multipliant deux fois de suite par elle-même la longueur du côté Un cube de 10 mètres de côté a pour volume $10 \times 10 \times 10 = 1\,000$ mètres cubes. Le cube d'un nombre est indiqué par l'exposant 3. a^3 est le cube de a; 10^3 est le cube de 10.

468. La *racine cubique* d'un nombre est un second nombre qui, élevé au cube, reproduit le premier : 3 est la racine cubique de 27, parce que $3^3 = 27$; 6 est la racine cubique de 216, parce que $6^3 = 216$.

Pour indiquer la racine cubique d'un nombre, on le met sous le signe $\sqrt[3]{\ }$, qu'on appelle *Radical cubique*. Ainsi on écrit $\sqrt[3]{216} = 6$.

ARTICLE I.

FORMATION DES CUBES.

469. 1° *Cube de $a + b$.* D'après la définition précédente, on a

$$(a + b)^3 = (a + b)(a + b)(a + b) = (a^2 + 2ab + b^2)(a + b).$$

Multiplions donc $a^2 + 2ab + b^2$
par $a + b$;

multipliant par a, j'ai	$a^3 + 2a^2b + ab^2$,
multipliant par b, j'ai	$+ a^2b + 2ab^2 + b^3$,
Produit total	$a^3 + 3a^2b + 3ab^2 + b^3$
Donc (6)	$(a + b)^3 = a^3 + 3a^2b + 3ab^2 + b^3$.

Formule qui se traduit ainsi : *Le cube de la somme de deux nombres contient* : 1° *le cube du premier nombre*, 2° *le produit du triple carré du premier nombre par le second*, 3° *le produit du triple du premier nombre par le carré du second*, 4° *le cube du second.*

470. En supposant $b = 1$ dans la formule (6), on a

$$(7) \qquad (a + 1)^3 = a^3 + 3a^2 + 3a + 1$$

Formule qui se traduit ainsi : *On passe du cube d'un nombre au cube du nombre suivant, en ajoutant au cube du premier nombre trois fois le carré de ce même nombre, plus trois fois ce même nombre, plus un.* Ainsi on passe de $2^3 = 8$ à $3^3 = 27$, en ajoutant à 8 trois fois 4, carré de2, plus trois fois 2, plus 1. Et, en effet,

$3^3 = 27 = 8 + 3 \times 4 + 3 \times 2 + 1 = 8 + 12 + 6 + 1 = 8 + 19 = 27.$

471. On peut se servir de cela pour calculer les cubes des cent premiers nombres, dont on trouvera, à la page suivante, le tableau disposé à peu près cemme celui des carrés.

		0	1	2	3	4	5	6	7	8	9
1	**1**	**1000**	1331	**1728**	2197	**2744**	3375	**4096**	4913	**5832**	6859
8	**2**	**8000**	9261	**10648**	12167	**13824**	15625	**17576**	19683	**21952**	24389
27	**3**	**27000**	29791	**32768**	35937	**39304**	42875	**46656**	50653	**54872**	59319
64	**4**	**64000**	68921	**74088**	79507	**85184**	91125	**97336**	103823	**110592**	117649
125	**5**	**125000**	132651	**140608**	148877	**157464**	166375	**175616**	185193	**195112**	205379
216	**6**	**216000**	226981	**238328**	250047	**262144**	274625	**287496**	300763	**314432**	328509
343	**7**	**343000**	357911	**373248**	389017	**405224**	421875	**438976**	456533	**474552**	493039
512	**8**	**512000**	531441	**551368**	571787	**592704**	614125	**636056**	658503	**681472**	704969
729	**9**	**729000**	753571	**778688**	804357	**830584**	857375	**884736**	912673	**941192**	970299

Enfin $100^3 = 1\ 000\ 000$.

472. Remarque. — Les cubes finissent par tous les chiffres 0, 1, 2, 3, 4, 5, 6, 7, 8, 9.

2° *Cube du produit de deux nombres.*

$$(ab)^3 = ababab = aaabbb = a^3b^3.$$

Donc *on élève au cube un produit en élevant ses facteurs au cube.*

473. 3° *Cube d'un quotient ou d'une fraction.*

$$\left(\frac{a}{b}\right)^3 = \frac{a}{b} \times \frac{a}{b} \times \frac{a}{b} = \frac{a^3}{b^3}$$

Donc *on élève au cube un quotient ou une fraction, en élevant au cube chacun de ses termes.*

ARTICLE II.

EXTRACTION DE LA RACINE CUBIQUE DU PLUS GRAND CUBE CONTENU DANS UN NOMBRE DONNÉ.

474. Tout nombre entier e qui n'est pas un cube parfait, c'est-à-dire n'est pas le cube d'un nombre entier, a une racine cubique incommensurable. En effet, s'il avait pour racine cubique la fraction $\frac{a}{b}$ (qu'on peut supposer simplifiée), on aurait $\frac{a^3}{b^3} = e$; ce qui ne peut avoir lieu. Car a et b étant premiers entre eux, a^3 et b^3 le sont aussi **(400)**. Donc la fraction $\frac{a^3}{b^3}$ est irréductible ; et, par conséquent, $\frac{a^3}{b^3}$ ne peut égaler e.

475. De même, toute fraction qui, réduite à sa plus simple expression, n'a pas pour numérateur et pour dénominateur des cubes parfaits, n'a pas de racine cubique exacte. En effet, soit $\frac{m}{n}$ cette fraction, et soit $\frac{c}{d}$ sa racine cubique supposée réduite à sa plus simple expression ; on aurait :

$$\frac{c^3}{d^3} = \frac{m}{n}$$

Ces deux fractions étant irréductibles, doivent, pour être égales, avoir des termes identiques **(401)**. On aurait donc :

$$c^3 = m,$$
$$d^3 = n;$$

ce qui ne peut avoir lieu, puisqu'on a supposé que m et n ne sont pas des cubes parfaits.

476. Donc *les seuls nombres qui aient des racines cubiques exactes sont les cubes parfaits et les fractions dont les termes sont des cubes parfaits.*

Ier CAS.

Le nombre donné est entier et $< 1\,000$.

477. Il suffit de savoir par cœur les cubes des dix premiers nombres.

Racines cubiques	1,	2,	3,	4,	5,	6,	7,	8,	9,	10.
Cubes	1,	8,	27,	64,	125,	216,	343,	512,	729,	1 000.

Ainsi $\sqrt[3]{417} = 7$. Car $417 = 7^3 + 74$.

IIe CAS.

Le nombre donné est entier, $> 1\,000$ *et* $< 1\,000\,000$.

478. Si l'on ne se sert pas de la table des cubes, on procède comme il suit :

$a^3 + 3a^2b + 3ab^2 + b^3$ sont dans 571.787	$83 = a + b$ (24×3)
$a^3 = 512$	$19\,200 = 3a^2$
$3a^2b + 3ab^2 + b^3$ sont dans 59 7.87	$720 = 3ab$
(et $3a^2b$ est dans 597 centaines) 59 7 87	$9 = b^2$
0	$19\,929 = 3a^2 + 3ab + b^2$
	$3 = b$
	$59\,787 = 3a^2b + 3ab^2 + b^3$

Le nombre proposé étant $> 1\,000$, la racine cubique du plus grand cube qu'il renferme est > 10. Donc elle renferme a dizaines et b unités. Dès lors le nombre proposé renferme $a^3 + 3\,a^2\,b + 3\,ab^2 + b^3$. En élevant au cube un nombre de dizaines, c'est-à-dire un nombre terminé par un zéro, on aura trois zéros au résultat, c'est-à-dire qu'on obtiendra un nombre exact de mille. Donc a^3 est dans les 571 mille du nombre proposé. Le plus grand cube contenu dans 571 est $512 = 8^3$. Donc le chiffre des dizaines de la racine cubique est 8. Evidemment, en effet, le nombre proposé contient $(80)^3 = 512\,000$; mais ne contient pas $(90)^3 = 729\,000$. Connaissant $a = 8$ dizaines, je cherche b dans le terme $3\,a^2\,b$. Comme a^2 (carré de dizaines) est un certain nombre exact de centaines, il en est de même de $3\,a^2\,b$, qui se trouve par conséquent dans les 597 centaines du reste 59 787. Quelques-unes des 597 centaines peuvent provenir des retenues fournies par $3\,ab^2$ et b^3; mais la plus grande partie de 597 vient de $3\,a^2\,b$: je puis donc regarder 597 comme étant à peu près $3\,a^2\,b$. Quant à $3\,a^2$, c'est 3 fois $(80)^2 = 3 \times 6\,400 = 19\,200 = 192$ centaines. Donc, si je divise 597 centaines (qui sont à peu près $3\,a^3\,b$) par 192 centaines (qui sont $3\,a^2$), je diviserai un nombre peu différent du produit $3\,a^2 \times b$ par un de ses facteurs $3\,a^2$; et j'aurai pour quotient 3, qui doit être à peu près l'autre facteur b. Mais, pour que 3 soit réellement b, il faut que 59 787 renferme $3\,a^2\,b + 3\,ab^2 + b^3$ (en supposant $a = 8$ et $b = 3$). Je considère que $3\,a^2\,b + 3\,ab^2 + b^3 = (3\,a^2 + 3\,ab + b^2)\,b$. Or, $19\,200 = 3\,a^2$; $720 = 3 \times 80 \times 3 = 3\,ab$, et $9 = b^2$. Donc $19\,929 = 3\,a^2 + 3\,ab + b^2$. Je multiplie 19 929 par b, qui est 3, et j'obtiens ainsi $59\,787 = 3\,a^2\,b + 3\,ab^2 + b^3$. Je retranche ce produit du reste 59 787. Il ne me reste rien. Donc le nombre proposé contient, sans reste, toutes les parties du cube de 83; comme on peut, du reste, s'en assurer, en consultant la table des cubes.

Second exemple :

275.308	65	(30 × 3)
216	10 800	
59 3.08	900	
58 6 25	25	
6 83	11 725	
	5	
	58 625	

Le reste est 683, reste trop faible pour qu'on écrive 66 à la racine cubique : il faudrait avoir, pour cela, le triple carré de 65, augmenté du triple de 65 et de 1 (**470**). Or, le carré de 65 fait déjà plus de 3 600, carré de 60.

479. L'opération peut s'abréger, en multipliant, sans écrire le multiplicateur 5, et en retranchant le produit de 11 725 par 5, à mesure qu'on le forme.

275.3 08	65	(30 × 3)
216	10 800	
59 3.08	900	
6 83	25	
	11 725	

IIIe CAS.

Le nombre donné est entier et > 1 000 000.

480. Soit à chercher la racine cubique de 35 814 217 312. On opère ainsi :

35.814.217.312	3296		(96 × 9) (937 × 6)
27	2700	307200	32472300
8814	180	8640	59220
30462.17	4	81	36
2029283.12	2884	315921	32531556
7738976	4	81	
	3072	324723	

Le triple carré de 3 296 surpasse celui de 3 000, qui est 27 000 000. Donc le reste 7 738 976 n'autorise pas à écrire 3 297 à la racine cubique.

Le nombre sur lequel nous venons d'opérer étant > 1 000, sa racine cubique est > 10. Donc elle se compose de a dizaines et de b unités; et le nombre proposé contient $a^3 + 3a^2b + 3ab^2 + b^3$. Le terme a^3 étant le cube d'un nombre de dizaines, se termine par trois zéros; et, par conséquent, est un certain nombre de mille, qui compose la majeure partie des 35 814 217 mille. Je suis conduit ainsi à séparer par un point la tranche 312. Un raisonnement semblable explique pourquoi je sépare aussi la tranche 217; et j'arrive à calculer la racine cubique du plus grand cube contenu dans 35 814. Ce calcul rentre dans le cas précédent. Je trouve pour racine 32, et j'ai le reste 3 046, à la droite duquel j'abaisse la tranche 217, de sorte que j'ai en tout 3 046 217.

En écrivant la tranche 217 à la suite du nombre 35 814, ce nombre est multiplié par 1 000 et augmenté de 217. Donc la racine de 35 814 217 est 320 (**472**) ou 32 dizaines que j'appelle a, et b unités. Le reste 3 046 217 contient $3a^2b + 3ab^2 + b^3$. Je forme $3a^2$: pour cela, je pourrais former le carré de 32 dizaines et le tripler; je préfère me servir des calculs faits pour trouver le chiffre 2 de la racine. 3 fois $32^2 = 3$ fois 30^2 + 6 fois $30 \times 2 + 3$ fois 2^2 (**429**). En raisonnant sur 35 814, comme nous avons raisonné, dans le cas précédent, sur 571 787, nous reconnaîtrions que

$$2\,884 = 3 \text{ fois } 30^2 + 3 \text{ fois } 30 \times 2 + 2^2.$$

Que manque-t-il à 2 884 pour être 3 fois 30^2 + 6 fois $30 \times 2 + 3$ fois 2^2? Il lui manque 180 (= 3 fois 30×2), plus 4 (= 2^2), plus encore 4 (= 2^2). Donc, si, après avoir tiré une barre sous 2 700, je pose 4 sous 2 884; et que j'ajoute les 4 nombres 180; 4; 2 884 et 4; j'obtiendrai 3 072, qui est 3 fois 32^2 ou $3a^2$. Le nombre 32 étant considéré maintenant comme un nombre de dizaines, il en résulte que 3 fois 32^2 (= 3 072), exprime le triple du carré d'un nombre de dizaines, et représente réellement 3 072 centaines. Je sépare donc, à l'aide d'un point, les deux derniers chiffres 17 du nombre 3 046 217; et je divise 30 462 centaines par 3 072 centaines : je trouve le quotient 9, que j'essaie en appliquant le procédé suivi pour l'essai du chiffre 2.

Je me sers des calculs faits dans l'essai du chiffre 9, pour trouver le 3me diviseur 32 472 300, et j'essaie le dernier chiffre 6 comme les les précédents.

481. Remarque I.—Le nombre 96, écrit à quelque distance à droite, est le triple de 32; 987 est le triple de 329. Ces deux nombres sont multipliés à vue, le premier, par 9, pour donner 864; et le second, par 6, pour donner 5.922.

482. Remarque II. — S'il se présentait un reste qui, complété par la tranche suivante, ne fût pas divisible par le diviseur correspondant, on abaisserait encore la tranche d'après, et l'on écrirait deux zéros de plus au diviseur.

(30 × 3).

Exemple : 1.205.408.000.000	10901	
1	30000	356430000
2.954.08	2700	32700
3 79 0000.00	81	1
22537299	32781	356462701
	81	1
	35643	356495403

483. La preuve par 9 se ferait en cherchant le reste par 9 du cube du reste de la racine, et en y ajoutant le reste par 9 du reste de l'opération : on reproduirait ainsi le reste par 9 du nombre proposé.

IVe CAS.

Le nombre donné est fractionnaire.

484. Tout ce que nous avons dit concernant ce 4me cas, dans le chapitre de la racine carrée, s'ap-

plique, mot pour mot, à la racine cubique. Ainsi, sans répéter des raisonnements qui seraient identiques à ceux qui ont déjà été faits, nous énoncerons les propositions suivantes.

485. 1° On extrait la racine cubique d'une fraction, en extrayant séparément la racine cubique du numérateur et celle du dénominateur.

$$\text{Ainsi } \sqrt[3]{\frac{125}{64}} = \frac{\sqrt[3]{125}}{\sqrt[3]{64}} = \frac{5}{4}$$

486. 2° Une fraction n'aura de racine cubique exacte que dans le cas où, réduite à sa plus simple expression, elle aura des cubes parfaits pour numérateur et pour dénominateur.

487. 3° On peut toujours rendre le dénominateur un cube parfait, en multipliant deux fois les deux termes de la fraction par ce dénominateur, ou par un multiplicateur choisi de manière que tous les facteurs premiers du dénominateur deviennent des cubes parfaits. Ainsi, par exemple, $\sqrt[3]{\frac{3}{5}} = \sqrt[3]{\frac{75}{125}} = \frac{\sqrt[3]{75}}{5}$.

488. 4° On pose $a = \frac{a \times 1000^3}{1000^3}$. D'où $\sqrt[3]{a} = \frac{\sqrt[3]{a \times 1000000000}}{1000}$. De là, on conclut que, pour calculer une racine cubique incommensurable, à une certaine partie d'unité près, on multiplie le nombre proposé par le cube du nombre qui indique le degré d'approximation; on extrait la racine cubique à une unité près, et l'on place au-dessous le nombre par lequel on a multiplié.

489. 5° Quand on calcule en décimales une racine cubique approchée, on écrit, à la droite du nombre proposé, assez de zéros pour avoir trois fois plus de chiffres décimaux qu'on veut en avoir à la racine cubique.

490. Calculons, comme exemple d'approximation, la racine cubique de 3, à quatre décimales.

3	1.4522			(4326 × 2) (432 × 2) (42 × 4)
20.00	300	58800	6220800	623809200
2 560.00	120	1680	8640	86520
140 160.00	16	16	4	4
15 571 120.00	436	60496	6229444	623895724
3 093 205 52	16	16	4	4
	588	62208	9238092	623982252

Pour abréger, nous ne formulerons pas le procédé à suivre pour l'exécution de la racine cubique : il est implicitement indiqué dans les exemples donnés.

CHAPITRE V.

Approximations numériques.

Nous allons, dans ce chapitre, exposer d'abord le moyen d'abréger les opérations de l'arithmétique, dans le cas où on ne cherche pas une exactitude absolue. Ensuite nous étudierons les effets produits dans les résultats des calculs par les erreurs dont peuvent être affectés les nombres sur lesquels on opère. De là, deux articles, dont le premier traitera des *opérations abrégées*, et le second des *erreurs*.

ARTICLE I.

OPÉRATIONS ABRÉGÉES.

§ I.

491. Addition et Soustraction. — On peut, si l'on veut, ne calculer que les ordres supérieurs d'unités dans une somme ou une différence, en commençant l'addition ou la soustraction à la colonne immédiatement inférieure à l'ordre d'unités le plus faible qu'on désire connaître : on se met ainsi à l'abri des erreurs provenant des dizaines retenues dans les colonnes négligées. Si l'on avait beaucoup de nombres à additionner, il faudrait commencer l'addition par un ordre d'unités inférieur de deux degrés à celui qu'on veut garder dans le résultat.

492. Exemple d'addition. — On demande, *à une unité près*, la somme des nombres ci-dessous :

$$\begin{array}{r} 945,1378 \\ 49,34607 \\ 6385,0217 \\ 76,280563 \\ 9347,83702 \\ \hline 16803,4 \end{array}$$

La somme est 16 803, *à une unité près*. Car j'ai négligé d'ajouter 0,0378 ($< 0,1$) ; 0,04607 ($< 0,1$) ; 0,0217 ($< 0,1$), etc. ; de sorte que j'ai négligé, sur chacun des nombres proposés, moins de 1 dixième : en tout, moins de 5 dixièmes. De plus, j'ai négligé les 4 dixièmes trouvés en ajoutant la colonne des dixièmes. Donc l'erreur commise n'atteint pas 9 dixièmes. Donc 16 803 est la somme approchée *par défaut*, *à une unité près* ; 16 804 serait la somme approchée *par excès*, et serait probablement un peu plus exact que 16 803.

493. Exemple de Soustraction. — On demande, *à un centime près*, la différence suivante :

$$\begin{array}{r} 4053 \text{ f. } 259134 \\ 1875 \text{ f. } 73652 \\ \hline 2177 \text{ f. } 523 \end{array}$$

La différence demandée est 2177 fr. 52, *à un* centime près. En effet, si les deux nombres proposés étaient diminués tous deux d'un millième de franc, il n'en résulterait aucune erreur dans la différence. En réalité, ces deux nombres sont diminués l'un et l'autre d'une fraction de millième de franc, différente pour chacun. Ces deux fractions diffèrant entre elles de moins d'un millième de franc, il en résulte que la différence cherchée est 2177 fr. 523, *à un millième de franc près*, ou 2177 fr. 52 *à un centime près*. J'ai calculé le chiffre des millièmes 3, afin d'augmenter le chiffre des centièmes, dans le cas où le chiffre des millièmes aurait dépassé 5.

§ II.

494. Multiplication abrégée. — Soit à calculer, à un *centième* d'unité près, $68,9748532 \times 29,512874$.

Je remarque d'abord que les 6 dizaines du multiplicande, multipliées par les 2 dizaines du multiplicateur, donneront le même produit que $60 \times 20 = 1\,200$. J'aurai donc, en tout, six chiffres à déterminer (par le procédé ordinaire j'en trouverais 17). Je vais en calculer seulement 8 par le procédé suivant :

Je multiplie le multiplicande par 10 et je divise le multiplicateur par 10; j'ai ainsi les facteurs $689,748532 \times 2,9512874$, qui me donneront le même produit que les nombres proposés (53). Sous le nouveau multiplicande, je place le multiplicateur, de façon que 2, le chiffre de l'ordre le plus élevé, qui exprime maintenant des unités simples, soit sous les dix-millièmes du multiplicande; c'est-à-dire deux rangs à droite des *centièmes* (dernier ordre que je désire conserver au produit), et j'écris, à gauche du 2, les autres chiffres du multiplicateur, en renversant l'ordre de ces chiffres. Cela fait, je forme les différents produits partiels, en commençant, pour chacun, par le chiffre du multiplicande placé au-dessus du chiffre du multiplicateur sur lequel j'opère; et je place les uns sous les autres les premiers chiffres de chaque produit partiel.

```
  689,748532
 4782 159,2
------------
 1379 4970
  620 7732
   34 4870
      6897
      1378
       544
        42
------------
 2035,6433
```

Le produit, approché par défaut à un *centième* d'unité près, est 2035,64. En effet, j'ai d'abord multiplié par 2, chiffre des unités du multiplicateur. J'ai dit : 2 fois 5 dix-millièmes font 10 dix-millièmes; je pose 0 et retiens 1 ; 2 fois 8 font 16 et un de retenue font 17, etc.... Le 1er produit partiel 13794970 est un nombre de dix-millièmes. Dans le 2e produit partiel, au lieu de multiplier par un chiffre d'unités, comme pour le 1er produit, je multiplie par 9, chiffre de dixièmes ; mais aussi, au lieu de commencer par multiplier les dix-millièmes du multiplicande, je commence par multiplier les millièmes ; cela fait compensation et le 2e produit partiel 6207732 est encore un nombre de dix-millièmes. Même raisonnement pour le 3e produit partiel, qui commence par $0{,}05 \times 0{,}04$ ($=$ 20 dix-millièmes), et pour les suivants. Tous les premiers chiffres de ces produits expriment des dix-millièmes et ont dû se placer les uns sous les autres.

En opérant ainsi; quelle erreur a pu être commise? Quand, à droite du chiffre 5 dix-millièmes, par lequel j'ai commencé la multiplication, il y aurait une suite de 9,; ces 9 ne composeraient pas une unité de l'ordre des dix-millièmes, et, par conséquent, tous ces 9 multipliés par 2, ne donneraient pas 2 dix-millièmes. Ainsi, l'erreur du 1er produit partiel a pour limite 2 dix-millièmes. Par une raison toute semblable, l'erreur du 2e produit est inférieure à 9 dix-millièmes, celle du 3e à 5 dix-millièmes, etc. Donc l'erreur totale des sept produits partiels a pour limite supérieure un nombre de dix-millièmes égal à $2 + 9 + 5 + 1 + 2 + 8 + 7 = 34$ dix-millièmes. Quant au 4, dernier chiffre du multiplicateur, il faudrait, pour qu'il donnât des dix-millièmes, qu'il y eût au-dessus de lui un chiffre de mille; il n'y en a pas, et le multiplicande tout entier est plus petit qu'un mille. Donc, en négligeant de multiplier le multiplicande par 4, on a commis une erreur inférieure à $0{,}0000004 \times 1000 = 4$ dix-millièmes. Il faut donc ajouter le chiffre 4 à la somme des autres chiffres du multiplicateur; et nous sommes sûrs que, dans le cas même où le multiplicande aurait été uniquement composé de 9, l'erreur totale ne serait pas tout-à-fait d'un nombre de dix-millièmes égal à la somme des chiffres du multiplicateur, c'est-à-dire ici à 38.

En supprimant 33 dans le produit obtenu, j'ai ôté 33 dix-millièmes qui, ajoutés à l'erreur de 38 dix-millièmes dont je viens de parler, donneraient 71 dix-millièmes. Il serait donc possible que le produit exact fût un peu plus près de 2 035,6500 que de 2 035,6400. Mais, en tous cas, nous pouvons prendre comme produit approché, à un *centième* d'unité près, 2 035,64, valeur approchée par défaut; ou 2 035,65, valeur approchée par excès.

495. Remarque I.—Quand tous les chiffres du multiplicateur seraient des 9, ainsi que ceux du multiplicande, il faudrait plus de 11 chiffres au multiplicateur pour que la somme de ses chiffres fût égale à 100. Or il faudrait 100 dix-millièmes pour composer un centième. Il en sera presque toujours ainsi, quand on placera les unités du multiplicateur sous l'ordre cent fois plus petit que celui où doit s'arrêter l'approximation. Si la somme des chiffres du multiplicateur dépassait 100, on en serait quitte pour avancer les chiffres du multiplicateur un rang de plus vers la droite.

496. Remarque II. — Si l'on avait à calculer, à un *dixième* d'unité près, le produit de 72,8937 par 3,14159265, on opérerait comme il suit :

```
         72,8937
     562951 41,3
   -------------
        218 67 9
          7 28 9
          2 91 2
             7 2
             3 5
   -------------
        228,98 7
```

Ici, la limite de l'erreur est un nombre de millièmes égal à $3 + 1 + 4 + 1 + 5 = 14$, à raison des cinq chiffres qui ont donné des produits partiels. Quant aux chiffres 0, 00009265, qui ne donnent pas de produits partiels, ils composent un nombre plus petit que 0,00010 ; c'est-à-dire que la partie négligée dans le multiplicateur est plus petite que le 9 (premier chiffre négligé) augmenté de 1. En calculant l'erreur, il convient donc d'augmenter d'une unité le premier chiffre négligé dans le multiplicateur, et ensuite de ne pas s'occuper des autres.

497. Remarque III. — C'est uniquement pour rendre la démonstration plus facile, que j'ai préparé les facteurs, de manière que le multiplicateur n'eût qu'un seul chiffre à gauche de la virgule. Dans la pratique, cela n'est nullement nécessaire. Dès que les unités du multiplicateur renversé sont bien placées, tous les autres ordres d'unités se trouvent, par là même placés comme ils doivent l'être. La multiplication des dizaines du multiplicateur commence par un chiffre du multiplicande, d'un ordre dix fois plus faible que le chiffre par lequel on commence à multiplier les unités du multiplicateur : c'est ce qui doit avoir lieu en effet ; puisque, le chiffre du multiplicateur étant d'une valeur relative dix fois plus grande, il faut que le chiffre du multiplicande soit d'une valeur dix fois plus petite, pour que le produit ne change pas de nature. Soit, par exemple, à multiplier, à un *mille* près, 74032,7615 par 204,63758. Je place le 4 du multiplicateur sous les dizaines du multiplicande.

```
 740 32,7615
85736,40 2
────────────
 1480 65 4
   29 61 2
    4 44 0
      22 2
       4 9
────────────
 1514 97 7
```

Le produit, à un *mille* près, serait 15149000 ; la limite de l'erreur est un nombre de dizaines égal à $2 + 4 + 6 + 3 + 7 + 6 = 28$. Ces 28 dizaines, dont l'erreur s'approche, ajoutées aux 77 dizaines qui doivent être supprimées dans 1514977 dizaines, donneront un nombre très voisin de 100 dizaines ; d'où il résulte que le produit, approché à un *mille* près, est 15150000, produit trop fort ou trop faible de moins d'un mille.

498. De tout ce qui précède, nous conclurons, pour la multiplication abrégée, le procédé suivant, qu'on appelle la *règle d'Oughtred*, du nom du mathématicien anglais (né en 1574, mort en 1660) qui l'a découverte.

1° Sous les chiffres du multiplicande, placez les chiffres du multiplicateur, en renversant l'ordre des chiffres de ce dernier facteur, et de façon que les unités du multiplicateur soient deux rangs à droite de l'ordre auquel on limite l'approximation.

2° *Formez les produits partiels, en commençant, pour chacun, par le chiffre du multiplicande écrit au-dessus du chiffre multiplicateur.*

3° *Placez les premiers chiffres à droite de tous les produits partiels les uns sous les autres.*

4° *Ajoutez tous les produits partiels et biffez les deux derniers chiffres à droite.*

5° *La limite dont l'erreur commise pourra s'approcher de très-près, sans jamais l'atteindre, est égale à la somme des chiffres du multiplicateur, multipliée par l'unité cent fois plus petite que celle à laquelle on veut pousser l'approximation. Quand cette limite, ajoutée aux deux chiffres biffés, donne 100 ou plus, il faut ajouter 1 au dernier chiffre conservé.*

6° *En faisant la somme des chiffres du multiplicateur, il faut ajouter 1 au premier chiffre négligé, quand il est suivi d'autres chiffres également négligés.*

7° *Il ne faudrait pas faire figurer dans cette somme les chiffres du multiplicateur qui seraient multipliés par tous les chiffres du multiplicande.*

§ III.

499. Division abrégée. — Soit à diviser par exemple,

92,873 927 158 par 0,043 187 251 03 ;

et supposons que je veuille connaître le quotient à un *dixième* d'unité près.

Je cherche combien le quotient renferme de chiffres entiers. J'ai, au dividende, 9 387 centièmes qui contiennent les 4 centièmes du diviseur environ 2 000 fois : il y aura donc 4 chiffres entiers au quotient. Ainsi le quotient doit être calculé avec 5 chiffres exacts. J'opère comme il suit :

$D. = 9387392{,}7158$	$431{,}8725103 = d$
8637450	21736 = 10 q, à une unité près.
749942	2173,6 = q, à un dixième près.
431872	
318070	
302309	
15761	
12954	
2807	
2586	
321	

Sans changer les chiffres du quotient, je puis placer la virgule comme je veux au dividende et au diviseur : la valeur relative des chiffres du quotient pourra seule être ainsi modifiée.

Je place la virgule de manière à avoir trois chiffres entiers au diviseur, qui devient ainsi 431,8725103, et aura été multiplié par 10 000. Je prends, sur la gauche du diviseur, sept chiffres (deux de plus que je n'en veux avoir au quotient) ; ce qui me donne 431,8725. Je prends, sur la gauche du dividende, autant de chiffres qu'il en faut pour contenir 4318725, considéré comme nombre entier. Il me faut au dividende 9 387 392. C'est après ce septième chiffre 2 que je place la virgule dans le dividende, qui est ainsi multiplié par 100 000. Donc le dividende étant multiplié par cent mille, tandis que le diviseur est multiplié par dix mille, le quotient sera dix fois plus grand qu'il ne doit être.

L'opération étant ainsi préparée, je divise 9 387 392 unités par 431,8725. Le nombre 9 387 392 renfermerait deux fois le nombre entier 4 318 725. Donc il renferme 20 000 fois 431,8725, qui est dix mille fois plus petit. Je multiplie 431,8725 par 20 000 ; ce qui me donne le même produit que 4 318 725 par 2, c'est-à-dire 8 637 450 unités. Si j'avais voulu avoir le produit du diviseur tout entier par 2, j'aurais dû multiplier aussi par 2 les chiffres 103 qui suivent 431,8725. Ces chiffres, fussent-ils tous des 9, ne valent pas 1 dix-millième. Donc l'erreur du produit partiel obtenu en multipliant par 2 est plus petite que 0,0001 $\times$ 20 000, c'est-à-dire plus petite que 2 unités. Je retranche ce produit partiel, et j'ai pour 1er reste 749 942.

Si je suivais le procédé ordinaire de la division, je compléterais ce reste en abaissant un chiffre du dividende ; je préfère ne rien abaisser ; et j'ai ainsi un second dividende partiel, à peu près dix fois plus petit que celui que j'aurais eu en abaissant un chiffre. Pour établir la compensation, je supprime le 5 dans le diviseur précédemment employé 431,8725. J'aurai ainsi, à peu près, le second chiffre du quotient en divisant 749 942 unités par 431,872. Je trouve, en raisonnant comme ci-dessus, que 749 942 unités renferme 431,872 mille fois. Je multiplie 431,872 par 1 000 ; ou, ce qui revient au même, 431 872 par 1 : j'ai 431 872 unités. que je retranche de 749 942 unités. Il me reste 218 070 unités. Seulement, comme je n'ai point multiplié par 1 les chiffres du diviseur situés à droite du 2 (lesquels, fussent-ils des 9, ne suffiraient pas pour changer le 2 en 3), j'ai, pour ce motif, dans le second produit partiel, une erreur dont la limite supérieure est 1 unité.

On peut continuer le même raisonnement jusqu'à la fin de l'opération. On saura ainsi que 9 387 392,7158 renferme 431,8725103 à peu près 21 736 fois ; et qu'il reste encore 321 unités, plus 0,7158 ; en tout 321,7158.

Il y a ici trois remarques à faire.

1° Voulant calculer cinq chiffres au quotient, j'ai calculé

le 1er avec un diviseur de sept chiffres 4318725 ;
le 2e .... six ..... 431872 ;
le 3e .... cinq ..... 43187 ;
le 4e .... quatre ..... 4318 ;

je devais arriver à calculer

le 5e avec un diviseur de trois ..... 431 ;

Généralement, pour avoir n chiffres au quotient, on prend au diviseur,

pour le 1er chiffre, $n+2=n+3-1$ chiffres;
pour le 2e ...... $n+1=n+3-2$ ....
pour le 3e ...... $n \quad =n+3-3$ ....
. . . .
pour le n^e ...... $3 \quad =n+3-n$ ....

Et il résulte de la marche que j'ai suivie que les trois chiffres du dernier diviseur sont des chiffres entiers. Car j'ai commencé par placer la virgule au diviseur complet, de manière à avoir trois chiffres entiers. Ce sont ces trois chiffres entiers qui forment le dernier diviseur.

2° Les 321 unités que nous avons trouvées pour reste, au 5e chiffre du quotient, sont inférieures, au moins d'une unité, à 431 unités, nombre par lequel nous divisions alors. Donc 321,7158 est inférieur à 431,8725103.

3° Le reste exact, qu'on obtiendrait en multipliant tout le diviseur 431,8725103 par 21736, serait plus petit que 321,7158. En effet je n'ai pas retranché du dividende les produits complets du diviseur total par les chiffres du quotient. Comme je l'ai remarqué, j'ai commis une suite d'erreurs, qui ont pour limite supérieure : 2 unités, pour le 1er produit partiel ; 1 unité, pour le 2e ; 7 unités, pour le 3e ; etc. : en tout $2+1+7+3+6$ unités. Donc, pour être tout-à-fait exact, le reste 321,7158 doit être diminué d'une erreur e, que je ne connais pas, mais qui est inférieure à 19. Dans les cas les plus défavorables, l'erreur e n'arrivera pas à 100 unités. Il faudrait, pour cela, que la somme des chiffres du quotient fût égale à 100 ou plus grande encore. Donc l'erreur e n'a pas trois chiffres entiers, et, par conséquent, est inférieure à 431, qui en a trois.

Ces remarques étant bien comprises, je sais qu'un quotient quelconque, pour être tout-à-fait complet, doit être augmenté d'une fraction, dont le numérateur est le reste exact de la division et dont le dénominateur est le diviseur. A 21736 je dois donc ajouter la fraction

$$\frac{321,7158 - e}{431,8725103} = \frac{r}{q}$$

Or, en vertu de la 2e remarque, 321,7158 est inférieur au dénominateur. En vertu de la 3e remarque, e est également inférieur à ce même dénominateur. Or la différence de deux nombres est un nombre inférieur au plus grand des deux. Donc le numérateur de la fraction ci-dessus est plus petit que le dénominateur. Donc la fraction est plus petite que l'unité. Donc 21736 est, à une unité près, le décuple du quotient cherché. Donc ce quotient est 2173,6, à un dixième près.

500 Remarque I. — Dans la fraction $\frac{r}{q}$, le plus souvent e sera plus petit que le reste dont on le retranche : alors la fraction $\frac{r}{q}$ indiquera ce qui manque au quotient abrégé, lequel sera approché *par défaut*. Cependant quelquefois e sera plus grand que le reste; et, dans ce cas, le quotient sera approché *par excès*.

501. Remarque II. — Comme on emploie des dividendes et des diviseurs partiels inexacts, il peut arriver qu'après avoir très-bien calculé les chiffres précédents du quotient, on trouve un reste qui contienne dix fois le diviseur correspondant. Comme on ne s'est pas trompé dans le calcul précédent, on ne prendra pas 10 pour quotient véritable, ce qui aurait pour effet de changer le chiffre qu'on vient d'écrire ; mais, sans autre calcul, on se rapprochera du quotient 10, autant que possible, en écrivant autant de 9 qu'il y a encore de chiffres à calculer.

Exemple : Soit à trouver, à une unité près, le quotient de 186292,2304 par 372,5923. Il y aura trois chiffres.

186292,2304	372,5̇923
37256	499

Ici, j'ai retranché le produit par 4, à mesure qu'il a été formé; ce qu'on peut toujours faire pour abréger. Cette soustraction faite, j'ai eu pour reste

37 256 et pour diviseur correspondant 3 725, lequel est contenu 10 fois dans le reste. Cependant je ne puis admettre qu'il y ait 10 dizaines au quotient, ce qui aurait pour effet de remplacer les 4 centaines déjà calculées par 5 centaines; mais je me rapprocherai du quotient 10 dizaines = 100, en écrivant 99 au quotient.

502. Remarque III. — Nous n'avons déplacé les virgules dans le premier exemple de division abrégée que pour la clarté de la démonstration. Nous n'avons fait aucune attention aux virgules dans les calculs.

503. Procédé de la division abrégée. — 1° *Voyez d'abord combien il y a de chiffres à calculer au quotient. On y arrive en divisant le premier chiffre à gauche du dividende par le premier chiffre à gauche du diviseur (ces deux chiffres étant pris avec leur valeur relative), et en voyant quel est l'ordre d'unités où l'approximation s'arrête.*

2° *Prenez, sur la gauche du diviseur, deux chiffres de plus que vous n'en voulez avoir au quotient; vous aurez ainsi le premier diviseur abrégé. Prenez ensuite, sur la gauche du dividende, autant de chiffres qu'il en faut pour avoir un premier dividende partiel qui contienne le premier diviseur abrégé. Faites la division, et retranchez du premier dividende partiel, le produit du premier diviseur abrégé multiplié par le premier chiffre du quotient. Le reste ainsi obtenu sera le second dividende partiel.*

3° *Formez le second diviseur abrégé, en supprimant, dans le premier diviseur, le dernier chiffre à droite, divisez, multipliez et retranchez, comme pour le premier chiffre du quotient.*

4° *Formez le troisième diviseur abrégé, en supprimant le dernier chiffre à droite du précédent; divisez, multipliez et retranchez.*

5° *Continuez ainsi jusqu'à ce que vous ayez un diviseur abrégé, composé de trois chiffres seulement : ce sera le dernier diviseur, lequel fournira le dernier chiffre du quotient. Il est inutile de faire la multiplication par ce dernier chiffre.*

6° *Ne faites aucune attention aux virgules dans votre*

calcul. Vous savez d'avance quelle doit être la valeur relative du dernier chiffre du quotient.

7° Si un dividende partiel contient dix fois le diviseur abrégé correspondant, le calcul est fini; il suffit d'écrire des 9 pour tous les chiffres qui restent à poser au quotient.

§ IV.

504. Extraction abrégée de la racine carrée. — Quand on connaît quelques-uns des chiffres d'une racine carrée, on peut trouver les autres, à une unité près, par une seule division. Soit à chercher la racine carrée de 8 312 624 568. Elle contient 5 chiffres, comme on l'a vu (**449**) ; les trois premiers sont 911 centaines; et quand on a retranché toutes les parties du carré de 911 centaines, il reste 13 414 568. Or, il suffit de diviser ce reste par 91 100 × 2 = 182 200, et l'on aura ainsi 73 unités : c'est la seconde partie de la racine carrée, extraite à une unité près. Voici l'opération :

134145,68	1822,00
6605	73
1139,68	

Ici, pour faciliter l'opération, j'ai divisé le dividende et le diviseur par 100. J'ai ainsi obtenu le quotient 73 et le reste 1 139,68. En multipliant par 100 les deux nombres 134 145,68 et 1 822, je reviendrai au dividende et au diviseur proposés; j'obtiendrai le même quotient 73 ; mais le reste 1139,68 sera multiplié par 100 (**383**). Il sera donc 113 968.

505. Il faut prouver qu'en agissant comme je viens de le faire, je dois trouver, à une unité près, la partie encore inconnue de la racine carrée.

Soit N le nombre proposé. — Soit a la partie connue de la racine; elle comprend plus de la moitié des chiffres entiers de la racine, si leur nombre est impair; et la moitié de ces chiffres, si leur nombre est pair et que le premier ne soit pas inférieur à

5. — Soit b la partie encore inconnue : ordinairement b est incommensurable ; mais on peut approcher, autant qu'on le veut, de sa valeur exacte. — Soit q le quotient obtenu dans la division que nous venons de faire. Soit r le reste de cette division.

J'ai.................... $N = a^2 + 2\,ab + b^2$

D'où, en retranchant des deux membres le terme a^2 $N - a^2 = 2\,ab + b^2$

Et en divisant les deux termes par $2\,a$............ $\frac{N - a^2}{2a} = b + \frac{b^2}{2\,a}$ (1)

D'un autre côté, en divisant $N - a^2$ par $2a$, j'ai trouvé le quotient q et le reste r ; d'où je conclus.................... $\frac{N - a^2}{2a} = q + \frac{r}{2a}$ (2)

Comme le premier membre est le même dans les égalités (1) et (2), les deux seconds membres sont égaux, et j'ai........... $b + \frac{b^2}{2a} = q + \frac{r}{2\,a}$

D'où, en retranchant des deux membres le terme $\frac{b^2}{2\,a}$, j'ai............... $b = q + \frac{r}{2\,a} - \frac{b^2}{2\,a}$

Donc b, partie inconnue de la racine, égale le quotient obtenu en divisant l'excès du nombre proposé sur le carré de la partie connue par le double de cette partie connue, plus le terme $\frac{r}{2\,a}$, moins le terme $\frac{b^2}{2\,a}$ ou, ce qui revient au même, plus la différence qui existe entre ces deux termes.

Or, 1° r étant le reste obtenu en divisant par $2\,a$, est plus petit que $2a$.

2° b^2 est plus petit que $2\,a$; car, si le nombre des chiffres entiers de la racine est impair, on pourra représenter le nombre de ces chiffres par $2\,n + 1$. Sur ces $2\,n + 1$ chiffres, on comprendra les $n + 1$ premiers, lesquels, pour avoir leur valeur relative réelle, devront être regardés comme suivis de n zéros. Donc a, pris avec sa valeur absolue sera un nombre de $2n+1$ chiffres. Quant à b, il ne comprendra que les n chiffres restants. Un nombre de n chiffres, élevé au carré, donnera un produit de $2n$ chiffres au plus. Car ce nombre de n chiffres est inférieur à 1 suivi de n zéros. Or 1 suivi de n zéros donne pour carré 1 suivi de $2n$ zéros, et c'est le plus petit nombre de $2n+1$ chiffres. Donc b^2 n'a que $2n$ chiffres, tandis que $2a$ en a $2n+1$. Donc b^2 est plus petit que $2a$. — Si la racine comprend $2n$ chiffres, a aura n chiffres et b aussi. Si le premier chiffre à gauche de a est supérieur à 5, $2a$ aura $2n+1$ chiffres. Quant à b^2, il en a $2n$ au plus, pour la même raison que tout à l'heure. Donc $\frac{b^2}{2a}$ sera plus petit que l'unité, dans le cas où, le nombre des chiffres entiers de la racine étant impair, a comprendra plus de la moitié de ces chiffres, et dans le cas où, le nombre des chiffres entiers étant pair et le premier n'étant pas inférieur à 5, a en comprendra la moitié.

Donc, dans ces deux cas, la différence entre $\frac{r}{2a}$ et $\frac{b^2}{2a}$ sera plus petite que l'unité, puisque chacun de ces termes sera plus petit que l'unité.

Donc, dans ces deux cas, b égalera q, à moins d'une unité près.

506. De là ce moyen d'abréger l'extraction de la racine carrée.

1° *Voyez combien il y aura de chiffres à la racine. Il suffit, pour cela, de voir combien il y a de tranches de deux chiffres dans le nombre proposé.*

2° *Si le nombre des chiffres de la racine est impair, calculez, par le procédé ordinaire, plus de la moitié des chiffres. — Si le nombre est pair, le premier chiffre étant 5, 6, 7, 8 ou 9, calculez la moitié des chiffres. — Si le nombre est pair, le premier chiffre étant 1, 2, 3 ou 4, calculez plus de la moitié des chiffres. L'application du procédé ordinaire donnera un reste, à la suite duquel vous abaisserez tous les chiffres du dividende qui n'ont pas en-*

core été abaissés. Vous aurez ainsi le dividende de la division suivante.

3° *Divisez ce dividende par le double de la partie connue de la racine, en donnant à cette partie la valeur relative qu'elle doit avoir. Pour cela, vous écrirez, à la suite, autant de zéros qu'il reste de chiffres à trouver. Calculez au quotient le nombre de chiffres nécessaires pour compléter la racine. Si vous ne tenez pas à connaître le reste de l'opération, employez, si vous le voulez, le procédé de la division abrégée.*

507. En faisant tout au long la division dont je viens de parler, on peut trouver exactement de combien le nombre proposé surpasse le carré de la racine carrée, ou, comme on dit, le reste de la racine carrée. En effet, j'ai trouvé précédemment :

$$(4)\ b = q + \frac{r}{2a} - \frac{b^2}{2a}$$

Donc, pour que le quotient q soit égal à b, complément exact de la racine, il faut et il suffit que $\frac{r}{2a} = \frac{b^2}{2a}$; ce qui suppose

$$r = b^2$$

508. Donc, 1° si le reste de la division est égal au carré de b, N, nombre proposé, sera le carré parfait de $a + b$.

509. 2° Si $r > b^2$, N renfermera le carré de $a + b$, plus l'excès de r sur b^2.

510. 3°. Si $r < b^2$, N ne renferme pas le carré de $a + b$; car il faudrait, pour cela, que r fût égal à b^2; mais N renferme le carré de $a + b - 1$, plus un excès, qu'on détermine ainsi : voyez quel est l'excès de b^2 sur r, et retranchez cet excès de $2(a + b) - 1$. En effet, entre le carré de $a + b$ et celui de $a + b + 1$, la différence est $2(a + b) + 1$. (430). Donc, entre $(a + b - 1)^2$ et $(a + b)^2$, la différence est plus petite de 2 (432) : elle est donc $2(a + b) - 1$. Donc, si je sais de combien N est au-dessous de $(a + b)^2$ (j'appelle i cette infériorité, et

$i = b^2 - r$), je trouverai de combien N est au-dessus de $(a + b - 1)^2$, en retranchant i de $2(a + b) - 1$, intervalle qui sépare $(a + b - 1)^2$ et $(a + b)^2$.

511. Comme application, je cherche l'excès de $N = 8\,312\,624\,568$ sur $(91\,173)^2 = (a + b)^2$. Ici, $r = 113\,968$ et $b^2 = (73)^2 = 5329$; $r > b^2$. Donc N renferme $(91\,173)^2$, plus l'excès de 113 968 sur 5 329.

$$\begin{array}{r} 113968 \\ 5329 \\ \hline 108639 \end{array}$$

Donc, l'excès de N sur $(91\,173)^2$ est 108 639 ; c'est ce qu'on a déjà trouvé (**449**).

512. Par la méthode que nous venons d'exposer, cherchons la racine carrée de 2 avec 9 chiffres. Le calcul ne sera pas très-long.

Je cherche d'abord les 3 premiers chiffres par le procédé ordinaire.

$$\begin{array}{r|l} 20000 & 141 \\ \hline 10.0 & 24 \times 4 \\ \hline 40.0 & 281 \times 1 \\ \hline 119 & \end{array}$$

Avec ces trois chiffres connus, je trouve les deux suivants par une division. Le dividende est 1 190 000. Car je suis censé opérer sur le nombre entier 200 000 000. Le diviseur est 28 200.

$$\begin{array}{r|l} 1190000 & 28200 \\ \cline{2-2} 620 & 42 \\ 5600 & \end{array}$$

La racine est 1,4142.

Le quotient est 42, le reste est $5600 > 1764$, qui est $(42)^2$. Donc, 42 n'est pas trop fort. Je retranche 1764 de 5 600.

$$\begin{array}{r} 5600 \\ 1764 \\ \hline 3836 \end{array}$$

L'excès de 20 000 000 000 000 000 sur $(141\,420\,000)^2$ est 3 836 600 000 000. Je divise ce nombre par 282 840 000 = $2a$: j'aurai ainsi les quatre chiffres qui suivent 14 142. Comme je n'ai pas l'intention d'aller plus loin, j'emploierai la méthode abrégée pour faire la division.

383600000000	282840000
100760	1356
15908	
1768	

La racine carrée de 2 est 1,41421356.

§ V.

EXTRACTION ABRÉGÉE DE LA RACINE CUBIQUE.

513. *Si, après avoir trouvé plus de la moitié des chiffres de la racine cubique, on donne au reste de l'opération sa valeur relative réelle, et qu'on le divise par le triple carré de la partie connue de la racine cubique, on trouvera ainsi les chiffres inconnus, à moins d'une unité près. Comme on ne calcule pas le reste final, on peut faire la division par la méthode abrégée.*

514. La démonstration du procédé ressemble beaucoup à celle qui a été donnée ci-dessus (**505**). Je me servirai des mêmes lettres et je leur donnerai la même signification. J'ai :

$$N = a^3 + 3\,a^2\,b + 3\,a\,b^2 + b^3 \text{ (469)}.$$

D'où, en retranchant des deux membres le terme a^3,

$$N - a^3 = 3\,a^2\,b + 3\,a\,b^2 + b^3.$$

Divisant les deux membres par $3a^2$,

$$(1) \qquad \frac{N - a^3}{3\,a^2} = b + \frac{3\,a\,b^2 + b^3}{3a^2}$$

D'un autre côté, en divisant $N - a^3$ par $3\,a^2$, on obtient le quotient q, et le reste r, donc :

$$(2) \qquad \frac{N - a^3}{3a^2} = q + \frac{r}{3a^2}$$

Le premier membre étant le même dans les égalités (1) et (2), les seconds membres sont égaux : donc

$$(3) \qquad b + \frac{3\,a\,b^2 + b^3}{3a^2} = q + \frac{r}{3a^2}$$

Retranchant des deux membres $\frac{3\,a\,b + b^3}{3a^2}$, j'ai

$$(4) \qquad b = q + \frac{r}{3a^2} - \frac{3a\,b + b^3}{3a^2}$$

Donc $b = q$, plus la différence entre le terme $\frac{r}{3a^2}$ et le terme $\frac{3ab + b^3}{3a^2}$. Or je prétends que la différence entre ces deux termes est moindre que 1, parce que chacun d'eux est lui-même plus petit que l'unité.

Car 1° r. reste obtenu en divisant par $3 - a^2$, est plus petit que $3\,a^2$ Donc le terme $\frac{r}{3a^2}$ est plus petit que 1.

2° Il en est de même du terme $\frac{3\,a\,b + b^3}{3a^2}$. En effet :

$$\frac{3\,a\,b + b^3}{3a^2} = \frac{3a + b}{3\,a} \times \frac{b^2}{a} = \frac{3a + b}{3a} \times \frac{b^2}{a} = \left(1 + \frac{b}{3a}\right) \frac{b^2}{a}$$

Le produit $\left(1 + \frac{b}{3a}\right)\frac{b^2}{a}$ sera d'autant plus grand que b sera plus grand et a plus petit. Si b est composé de n chiffres, a, qui, par supposition, comprend plus de la moitié des chiffres de la racine, doit avoir au moins $n + 1$ chiffres ; et le produit $\left(1 + \frac{b}{3a}\right)\frac{b^2}{a}$ sera le plus grand possible, quand b sera le plus grand nombre de n chiffres, c'est-à-dire le nombre formé par le chiffre 9 écrit n fois ; et que a sera le plus petit nombre de $n + 1$ chiffres, c'est-à-dire le nombre formé par le chiffre 1, suivi de n zéros.

1 suivi d'un zéro est égal à 10^1 ; 1 suivi de 2 zéros

est égal à 10^2 ; 1 suivi de 3 zéros est égal à 10^3.... : donc 1 suivi de n zéros équivaut à 10^n. Ainsi, pour donner la plus grande valeur possible au terme $\left(1+\frac{b}{3a}\right)\frac{b^2}{a}$, il faut supposer $a = 10^n$. Quant à b, qui contient autant de 9 que a renferme de zéros à la suite de 1, il sera inférieur à a d'une unité : b sera par conséquent égal à $10^n - 1$.

a est représenté par 10^n, quand on le considère en lui-même, sans faire attention aux n chiffres de b qui sont à la droite de a dans la racine. Donc, si l'on veut donner à a sa valeur numérique véritable, il faut le multiplier par 10^n. Ainsi, j'ai réellement :

$$a = 10^n \times 10^n = (10^n)^2 ;$$

D'ailleurs... $b = 10^n - 1$;

Donc... (5) $a = (b+1)^2 = b^2 + 2b + 1$.

Donc... $\frac{a}{b^2} = \frac{b^2+2b+1}{b^2} = 1 + \frac{2b+1}{b^2}$

Or... $\left(1+\frac{b}{3a}\right)\frac{b^2}{a} = \left(1+\frac{b}{3a}\right) : \frac{a}{b^2}$;

Donc... $\left(1+\frac{b}{3a}\right)\frac{b^2}{a} = \left(1+\frac{b}{3a}\right) : \left(1+\frac{2b+1}{b^2}\right)$

Ainsi le terme sur lequel je raisonne peut être regardé comme un quotient ; le dividende $1+\frac{b}{3a}$ surpasse l'unité de la fraction $\frac{b}{3a}$, et le diviseur $1+\frac{2b+1}{b^2}$ surpasse l'unité de la fraction $\frac{2b+1}{b^2}$. Si je prouve que $\frac{b}{3a}$ est plus petit que $\frac{2b+1}{b^2}$, j'en conclurai que le dividende est plus petit que le diviseur, et que, par conséquent, le quotient est plus petit que l'unité.

Or $\frac{b}{3a}$ est plus petit que $\frac{2b+1}{b^2}$. Car 1° $b < 2b+1$; 2° a, qui est égal à $(b+1)^2$, en vertu de l'égalité (5), est, par conséquent, plus grand que b^2 : donc, à plus forte raison, $3a > b^2$. Donc, des deux fractions $\frac{b}{3a}$ et $\frac{2b+1}{b^2}$, $\frac{b}{3a}$ est la plus petite, parce qu'elle a un numérateur plus petit et un dénominateur plus grand que l'autre fraction.

Appliquons ce procédé abrégé à l'exemple traité ci-dessus (**490**). Après avoir trouvé $a = 14\ 400$, je trouverai b, en divisant 14 016 000 000 par 622 080 000.

```
1401600 | 62208
 157440 | 22 = b
```

Je pourrais aussi trouver les quatre chiffres qui suivent 14 422, en faisant, par la méthode abrégée (**503**), la division suivante :

```
309320552 | 623982252
 597277   | 4957
  35695   |
   4500   |
```

La racine cubique de 3 est donc 1,44224957, à un cent-millionième d'unité près.

ARTICLE II.

DES ERREURS DANS LES CALCULS.

515. Les erreurs peuvent s'estimer de deux manières : en elles-mêmes et par rapport aux quantités qu'elles affectent. On a ainsi ce qu'on appelle les erreurs *absolues* et les erreurs *relatives*. Par exemple, si le nombre 78 425 peut être en erreur de 5 unités, l'erreur absolue de ce nombre sera 5 unités. Pour savoir quelle est l'erreur relative, je chercherai ce que sont 5 unités par rapport à 78 425. Je divise 78 425 par 5 et je trouve que 5 est la 15 685e partie du nombre 78 425. Ainsi, on peut se tromper de la 15 685e partie de 78 425. Cela revient à dire que chacune des unités de 78 425 peut être fautive d'un 15 685e d'unité. C'est pourquoi l'erreur *relative* pourrait s'appeler erreur *unitaire*.

516. Deux questions se présentent à résoudre :

1° Sachant quelles peuvent être les erreurs des données d'un calcul, déterminer quelle peut être l'erreur du résultat.

2° Sachant quelle doit être la limite de l'erreur dans un résultat, fixer quelles doivent être les limites des erreurs dans les données.

Nous indiquerons sommairement les principes qui servent à résoudre ces deux questions dans l'addition, la soustraction, la multiplication, la division, l'élévation au carré ou au cube, et l'extraction des racines carrées ou cubiques.

517. Addition. — L'erreur absolue de la somme est évidemment la réunion des erreurs partielles. En divisant le total des nombres par la somme des erreurs, on aura l'erreur relative du résultat de l'addition.

518. Soustraction. — L'erreur absolue du résultat est égale à la somme des erreurs des données, si elles sont en sens contraire ; à leur différence, si elles sont dans le même sens. On passe de l'erreur absolue à l'erreur relative, comme dans l'addition.

519. Multiplication. — Si l'on représente par a et b des fractions très-petites de l'unité, on trouve facilement ce que devient l'unité dans un produit, lorsque l'unité est augmentée ou diminuée de la fraction a, dans l'un des facteurs, et de la fraction b, dans l'autre. Il suffit, pour cela, de faire les multiplications suivantes :

1°	2°	3°
$1 + a$	$1 - a$	$1 + a$
$1 + b$	$1 - b$	$1 - b$
$1 + a + b + ab$	$1 - a - b + ab$	$1 + a - b - ab$

Si les fractions a et b représentent environ un millième d'unité, par exemple, le terme ab représentera environ un millième multiplié par un millième, c'est-à-dire un millionième d'unité. Si l'on néglige cette fraction très-petite, on conclura que

520. *L'erreur relative ou unitaire d'un produit de deux facteurs est égale à la somme des erreurs unitaires des facteurs, quand elles sont de même sens; égale à leur différence, quand elles sont de sens contraire.*

521. Carré et racine carrée. — En supposant $b = a$, on aura $(1 + a)^2 = 1 + a + a = 1 + 2a$ et $(1 - a)^2 = 1 - a - a = 1 - 2a$.

522. Donc *l'erreur relative d'un carré est le double de celle de la racine carrée; et, par conséquent, l'erreur relative de la racine carrée est la moitié de celle de son carré.*

523. Cube et racine cubique. — Comme on vient de le voir, $(1 + a)^2 = 1 + 2a$, et $(1 - a)^2 = 1 - 2a$.

Donc $(1 + a)^3 = (1 + a)^2 \times (1 + a) = (1 + 2a) \times (1 + a) = 1 + 3a$; puisque $(1 + a) \times (1 + b) = 1 + a + b$.

De même $(1 - a)^3 = (1 - a)^2 \times (1 - a) = (1 - 2a) \times (1 - a) = 1 - 3a$; puisque $(1 - a) \times (1 - b) = 1 - a - b$.

524. Donc *l'erreur relative d'un cube est le triple de celle de sa racine cubique; et, par conséquent, l'erreur de la racine cubique est le tiers de celle de son cube.*

525. Division. —

1° $\frac{1 + a}{1} = 1 + a$, et $\frac{1 - a}{1} = 1 - a$.

526. Donc, *si le dividende seul est inexact, l'erreur relative du quotient est égale à celle du dividende et de même sens.*

527. 2° Soit $\frac{1}{1 + a} = x$; je sais que l'erreur relative du quotient x, ajoutée à a, erreur relative du diviseur, doit égaler 0, erreur relative du dividende 1. Or, il n'y a que $- a$ qui, ajouté à $+ a$, donne 0. Donc $1 - a = x = \frac{1}{1 + a}$.

De même, soit $\frac{1}{1 - a} = x$; il faut que x soit $1 + a$, pour que son erreur relative $+ a$, ajoutée à $- a$, erreur relative du diviseur, donne 0, erreur relative du dividende 1.

528. Donc, *si le diviseur seul est inexact, l'erreur relative du quotient est égale à celle du diviseur et de sens contraire.*

529. 3° Si le dividende et le diviseur sont inexacts tous les deux, on a l'une des quatre combinaisons suivantes :

1° $\frac{1+a}{1+b} = (1+a) \times \frac{1}{1+b} = (1+a) \times (1-b) = 1+a-b.$

2° $\frac{1-a}{1+a} = (1-a) \times \frac{1}{1+b} = (1-a) \times (1-b) = 1-a-b.$

3° $\frac{1+a}{1-b} = (1+a) \times \frac{1}{1-b} = (1+a) \times (1+b) = 1+a+b.$

4° $\frac{1-a}{1-b} = (1-a) \times \frac{1}{1+b} = (1-a) \times (1-b) = 1-a-b.$

530. Donc, dans tous les cas, *on aura l'erreur relative du quotient, en ajoutant à l'erreur relative du dividende, prise telle qu'elle est, l'erreur relative du diviseur, prise en sens contraire.*

531. Applications. — 1° Calculer, avec quatre chiffres exacts, le produit.

$$(\sqrt{13}+2) \times (\sqrt{43}-5)$$

Le premier facteur vaut 5 + une fraction ; le second, 1 et une fraction. Donc le produit sera un peu plus grand que 5. Dans ce produit, si le quatrième chiffre est exact, l'erreur relative doit être un peu moins de $\frac{1}{5000}$. Elle est la somme des erreurs relatives des facteurs. Donc il convient que chacun d'eux ait une erreur relative inférieure à $\frac{1}{10000}$. Il suffit donc d'extraire chaque racine avec cinq chiffres.

13	36055	43	65574
40.0	66 × 6	70.0	125 × 5
4000.0	7205 × 5	7 50.0	1305 × 5
397 50.0	7210	97 50.0	13107 × 7
		5 7510.0	13114

Ainsi $\sqrt{13} = 3, 6155$; $\sqrt{43} = 6,5574$. Donc le premier facteur est 5,6055, à un dix-millième d'unité près sur 56055; son erreur relative est donc bien plus petite que la 10000[e] partie du nombre. — Le second facteur est 1,5574, avec une erreur de 1 dix-millième d'unité sur 15574 millièmes. Il faut multiplier 5,6055 par 1,5574 et calculer quatre chiffres exacts dans le produit. J'en calcule six par la multiplication abrégée.

$$\begin{array}{r} 1,55740 \\ 55065 \\ \hline 7\ 78700 \\ 93444 \\ 775 \\ 75 \\ \hline 8,72994 \end{array}$$

L'approximation étant bien plus grande qu'il ne faut dans les facteurs, corrige suffisamment l'erreur commise en prenant 8,729 pour le produit demandé. Il y a une remarque à faire sur la manière de calculer cette erreur. Il y a d'abord les 94 cent-millièmes supprimés. Ensuite, il y a 50 cent-millièmes pour le premier produit partiel 778 700; car le chiffre 4 du multiplicande n'étant exact qu'à une unité près, pourrait être un 5; alors il y aurait 10 de plus dans le multiplicande, et, par conséquent, 50 de plus dans le premier produit partiel. Il y a 5 cent-millièmes dans le 3e produit partiel, parce qu'on néglige de multiplier par 74. Il y a, pour la même raison, une erreur de 5 cent-millièmes dans le 4e. Enfin, il y a encore, en plus, une erreur de 15 cent-millièmes, parce que le dernier 5 du multiplicateur pourrait être un 6, et donnerait alors 15 de plus dans le 4e produit partiel. Donc l'erreur totale, exprimée en cent-millièmes, a pour limite $94 + 50 + 5 + 5 + 15 = 169 = 1$ millième $+ 69$ centièmes de millième. Donc il est nécessaire de prendre 8,730 comme produit approché au lieu de 8,729.

532. 2° On a mesuré, à un centimètre près, la longueur et la largeur d'un rectangle : on a trouvé 49 m 23 de longueur sur 37m 18 de largeur. Avec quelle exactitude pourra-t-on calculer la surface ? On sait que la surface se mesure en multipliant la longueur par la largeur, c'est-à-dire 49m 23 par 37 m 18.

Ici, l'erreur relative du 1er facteur est $\frac{1}{4923}$; celle du second est $\frac{1}{3718}$. Donc l'erreur relative du produit est $\frac{1}{4923} + \frac{1}{3718}$, somme des deux erreurs; elle est moindre que $\frac{1}{2000}$. Si les dimensions étaient 50 et 40, le produit serait 2,000, et l'erreur du produit serait inférieure à 1 mètre. Donc on peut compter, à plus forte raison, sur ce degré d'exactitude dans la surface du rectangle dont il s'agit. On n'a donc besoin de calculer le produit qu'à une une unité près.

$$\begin{array}{r} 49{,}230 \\ 8\,173 \\ \hline 147\,690 \\ 34\,461 \\ 492 \\ 392 \\ \hline 183\,035 \end{array}$$

La surface est 1831 mètres, à moins d'un mètre près, par excès.

FIN

NOTE

La numération ordinaire ne permet pas de compter très-vite voici quelques modifications qui la rendraient plus rapide.

Tout se réduit à trouver les moyens de faire entendre quatre syllabes pour chacun des nombres jusqu'à cent. Rien n'est à changer aux nombres tels que *qua* | *ran* | *te et* | *un, cin* | *quan* | *te et* | *un,* etc. Or on parviendra à donner quatre syllabes à tous les nombres jusqu'à cent, en adoptant,

pour les unités :

éro, un, deux, trois, qua, cin, si, se, hui, neu ;

pour les dizaines :

zérante, primante, binante, trijante (*), quarante, cinquante, soixante, septante, octante, nonante

Voici la série des nombres ainsi modifiés, avec leur valeur en chiffres :

1 zérante et un,
2 zérante et deux,
3 zérante et trois,
4 zérante et qua,
5 zérante et cin,
6 zérante et si,
7 zérante et se,
8 zérante et hui,
9 zérante et neu,
10 primante éro,
11 primante et un,
12 primante et deux,
. . . .
20 binante éro,
21 binante et un,
. . . .
30 trijante éro,
31 trijante et un,
. . . .
40 quarante ero,
41 quarante et un,
. . . .
50 cinquante éro,
51 cinquante et un,
. . . .
60 soixante éro,
61 soixante et un,
. . . .
70 septante éro,
71 septante et un,
. . . .
80 octante éro,
81 octante et un,
. . . .
90 nonante éro,
91 nonante et un,
92 nonante et deux,
. . . .
99 nonante et neu,
100 ou 0 zéranto éro,
1 zérante et un,
2 zérante et deux,
etc.
comme ci-dessus.

Comme tous les nombres s'expriment ainsi par quatre syllabes, on peut ne prononcer qu'une syllabe par unité ; et,

(*) Le mot *trijante* rappelle *triginta*. On l'a préféré à *trinante*, dont la terminaison serait la même que celle de *binante*.

en comptant jusqu'à cent, on comptera réellement jusqu'à quatre cent. Seulement il faudra quadrupler le dernier nombre prononcé entièrement et compter, comme unités en plus, les syllabes prononcées dans le nombre inachevé. Ainsi, par exemple, si, après avoir prononcé *quarante-et-un*, je prononce encore, *quarante et*, je dis : pour *quarante-et-un*, j'ai cent soixante-quatre, j'ajoute trois, ce qui fait cent soixante-sept.

Sans prétendre faire négliger la numération usitée, j'engagerais à pratiquer un peu ce système de numération à quatre syllabes. Je crois qu'on serait satisfait des résultats obtenus, surtout lorsqu'il s'agit de compter des objets qui se succèdent à intervalles réguliers, comme les pas d'un homme qui marche, les mesures de silence en musique, les oscillations d'un pendule ou d'un balancier de montre. En suivant le rhythme du mouvement, on peut prononcer, ou seulement penser, au moins cinq à six syllabes par seconde, ce qui permet de compter, sans se tromper, plus de trois cents par minute.

On pourrait, si on le voulait, varier les terminaisons des mots qui expriment les dizaines, de vingt manières différentes, de façon à obtenir vingt centaines distinctes les unes des autres, comme il suit :

1e centaine. On emploie le tableau ci-dessus, sans changement.

2e centaine. On fait sonner l'*n* dans la terminaison *ante* : *zérancte et un*.

3e centaine. On remplace l'*n* par l'*l* : *zéralte et un*.

4e centaine. On remplace l'*n* par les *ll* mouillés : *zéraille te et un*.

5e centaine. On supprime l'*n* sans la remplacer : *zérate et un*.

Pour ces cinq centaines, la lettre *a* figure dans la terminaison des dizaines ; dans les suivantes, on se contente de remplacer l'*a* des cinq premières centaines, d'abord par *i*, ensuite par *o* et enfin par *u*. Voici le tableau des vingt modifications appliquées à la quatrième dizaine.

1 quarante	2 quarane te
6 quarinte	7 quarine te
11 quaronte	12 quarone te
16 quarunte (1)	17 quarune te

3 quaralte	4 quaraille te	5 quarate
8 quarilte	9 quarille te	10 quarite
13 quarolte	14 quaroille te	15 quarote
18 quarulte	19 quarulle (2) te	20 quarute

Avec ces variations de terminaison, on pourra, sans se répéter, pousser la numération à quatre syllabes jusqu'à *deux mille* ; et, comme chaque nombre correspond à quatre unités, on comptera réellement jusqu'à *huit mille*.

(1) Prononcez la syllabe *runte* comme la syllabe *funte* dans *défunte*.
(2) Les *ll* sont mouillées dans *quarulle*, comme dans *Sully*.

Bourges, imp. de E. Pigelet, rue Joyeuse, 15.

BOURGES, TYP. E. PIGELET, RUE JOYEUSE, 15.

www.ingramcontent.com/pod-product-compliance
Ingram Content Group UK Ltd.
Pitfield, Milton Keynes, MK11 3LW, UK
UKHW021050220726
13924UKWH00005B/2066